舌 尖 上 的 中 国 之 美 食 总 攻 略

A · BITE OF CHINA

舌尖上的中国 之

美食总攻略

本书编写组　编著

江苏文艺出版社

JIANGSU LITERATURE AND ART
PUBLISHING HOUSE

目录 Contents

A BITE OF CHINA

03 与新鲜相逢
——鱼虾贝蟹/119

04 母亲的心传
——禽蛋 / 175

05 三餐的故事
——五谷杂粮 / 213

序

寻味之旅，再见初心
PREFACE

最容易被烙在记忆深处的，永远是那些掺杂着情感的乡土滋味，貌似习以为常，其实经久难忘。一方水土，一方饮食，童年回忆深处的可口滋味，胜过所有珍馐美馔，往往才下舌尖，又上心头。

这种每个人心底隐秘的牵挂，在央视纪录片《舌尖上的中国》中得到了普适性的满足。纪录片瞬间席卷大江南北，将广大电视观众带到一个唯美、淳朴的世界，更是将纪录片转化成了千百万人对文化、传统、亲情的关注。它带给我们的，不仅只是愉悦。

家里的饭菜不一定是最美味的，却是最难忘的；家里的饭菜不一定是最精致的，却是最习惯的。很多东西都能用机器批量生产，包括饭菜，唯独家的味道无法复制。

烹饪是食物的表达，食物是爱的载体。食材的选择、精湛的刀工、考究的火候，甚至悠久的家传，最终都要落到一种难以忘怀且无法名状的独特滋味里，这种滋味漫溢到深处，便是家了。这样看来，我们品咂的或许不是美食的味道，而是生活的滋味，

015

一种满足感和幸福感。

鉴于这一点，我们曾搜寻各种菜式，制作了"舌尖配套菜谱"系列，并在本书《舌尖上的中国之美食总攻略》制作时，确定要延续这个编辑方向——无论身在何处，翻开此书，都能通过充满温暖感觉的自然风格菜谱，感受到幸福质朴的家庭味道，感受到家庭温馨的氛围。

同期，央视将播出《舌尖上的中国》纪录片第二季。作为《舌尖上的中国》系列书的承上启下之作，与纪录片不同的是，《舌尖上的中国之美食总攻略》作为纪录片第二季内容的有机补充，将从小处着手，带您一起重温那些曾带给我们无尽快乐的美食诱惑。我们试图带您回归到《舌尖上的中国》系列书带给我们的最初感动和喟叹：对食物的敬畏、对文化的温习、对故乡的眷恋。

本书按照"食物简单认真、温暖寻常家人"的主题思路，将书中所介绍的500道菜品，按照主料的自然属性分为素菜、畜肉、鱼虾贝蟹、禽蛋、五谷杂粮、果奶6大类，每一道菜都有惊艳之处。每类食材都根据其特性挑选了炒、炖、凉拌、烧烤、煲汤等各种烹调方法制成的菜肴。每类食材前，配上烹饪大师给我们推荐的食物最佳配膳、厨房小窍门、烹调小技巧、营养专家对食材营养功效的分析点拨，让读者在学习烹调美食的过程中尽可能多地获取有益的信息。独家附送的美食攻略，让您轻松找到各地特色美食，按图索骥品尝到最正宗的舌尖上的中国味。视觉传达上，摄影团队不做溢美的呈现，而只是通过光影和角度的微调，在真实中见细节，在细节中见细腻，忠实地呈现食物的质地和口感。

小舌尖，大中国。无论您身在何方，我们都希望您沿着这份美食攻略，找到熟悉的温暖与感动。

　　《舌尖上的中国》系列书带给我们的感动一定不是结束，而是开启——开启一种崭新的生活认知。我们有幸，与您一起找到了一些最温暖和原始的触动。

　　静下心来，仔细挑选最新鲜的食材，一刀一刻地去梗剥皮，等待汤羹熬炖数个小时，并微笑着端给父母、爱人、孩子，享受他们的大快朵颐或是细细品咂。当你慢下来去做，静下心来去感受，一定能收获一种久违而平静的美好。这就是食物赋予生活的全部意义。

本书编写组

2014 年 4 月

舌尖上的中国之美食总攻略

01

A BITE OF CHINA

时节的脚步——素菜

　　早前人们茹素的原因很简单：荤比素贵。无钱消受鸡鸭鱼肉，又真心嘴馋，只好开动脑筋，制造出花样繁多的素食，糊弄嘴巴。可以说，素食既是曾经装点过我们清苦生活的一道亮色，同时又是艰苦年代的一份遗存。如今，吃素更多是为了健康。饮食结构的变迁，也映衬着社会的变化，味蕾也能反映大历史。

蔬 菜

吃蔬菜，也要讲求"气味"。蔬菜的气味只有在当令时，才最得天地之精气。蔬菜是维生素和膳食纤维的主要来源，如丧失了时令的气质，则徒有其形而无其质。中国有古话："食，不可无绿！""三日可无肉，日菜不可无"。静下心来品尝这纯粹的自然风味，虽然平淡，却多让人眷念和难忘。

· TIPS ·

1.将新鲜完好的蔬菜放入保鲜袋封好口，用针在袋上扎6个小洞，放入冰箱保存可最大限度保留新鲜度；

2.一些蔬菜适宜带皮食用，例如茄子，因为皮中的维生素含量更高；

3.蔬菜在烹调过程中，最好用大火去炒，因为加热时间越短，其中的营养素流失得就越少。

油焖春笋

寻味攻略
destination of taste
江浙地区

● 主料

笋，去壳，剖开，切段

● 辅料

酱油；白糖；淀粉，兑水调成芡汁；香油

● 做法

1.炒锅置旺火上烧热，倒入植物油；

2.待锅中油面冒烟时，将笋下锅煸炒至色呈微黄；

3.加入酱油、白糖、水和芡汁勾芡，转小火焖5分钟；

4.待汤汁收浓，淋上香油即可出锅装盘。

三丝莴笋卷

● **主料**

莴笋头，切大薄片

● **辅料**

绿豆芽，摘去头尾；鸡蛋，打散；盐；淀粉；大青椒，去囊、切细丝；大红椒，去囊、切细丝；香油

● **做法**

1. 锅内入水烧开，豆芽入锅烫熟，捞出沥水备用；
2. 打散的鸡蛋中加入盐、淀粉、少量水拌匀，平底锅锅底抹油，蛋液入锅摊成蛋皮后捞起，切丝备用；
3. 豆芽、蛋皮丝、青红椒丝中加入盐和香油搅拌均匀；
4. 莴笋片用盐略抓，去掉多余水分，将豆芽、蛋皮丝、青红椒丝裹入莴笋片中；
5. 摆盘，淋上香油即可。

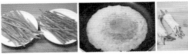

干煸四季豆

● **主料**

四季豆，切段
猪肉，切末

● **辅料**

蒜，切末；料酒；生抽；干辣椒，切段；盐

● **做法**

1. 锅内入底油，烧至八成热时，下四季豆段，炸3分钟后捞出；
2. 锅中留底油烧热，下蒜末、猪肉末爆香，加入料酒、生抽，炒成调味酱；
3. 另起锅入底油烧热，倒入炸过的四季豆段，小火煸炒，加入调味酱、干辣椒段、盐翻炒，装盘即可。

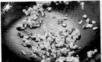

茄子炒长豆角

寻味攻略
destination of taste
黑龙江、
吉林、辽宁

● 主料

茄子，去头尾、滚刀切段
长豆角，理去筋络、切段

● 辅料

姜，切末；蒜，切末；干辣椒，切段；盐；生抽

● 做法

1. 锅内倒入底油烧热，下茄子段、长豆角段过油，两者变色发软后，捞起沥油待用；
2. 将锅内余油烧热，用中火炒香姜蒜末、干辣椒段；
3. 加入茄子段、长豆角段，加盐和生抽，转大火不停翻炒 4 分钟左右，起锅装盘即可。

酱焖茄子

寻味攻略
destination of taste
黑龙江

● 主料

长茄子，切成斜剞花刀

● 辅料

葱，切末；姜，切末；黄豆酱；高汤；盐；白糖；蒜，切末；淀粉，兑水调成芡汁

● 做法

1. 锅内放油，油量要多，烧至六七成热，下入茄子炸透，捞出沥油；
2. 锅内留底油烧热，用葱姜末炝锅，放入黄豆酱略炒，然后倒入高汤，加盐、白糖，放入炸好的茄子，烧开后用小火焖烂；
3. 撒上蒜末翻炒均匀，用芡汁勾芡，待汤汁收浓即可装盘。

地三鲜

● **主料**

土豆，去皮切块
茄子，去皮切块
青椒，掰成块

● **辅料**

葱，切葱花;蒜，剁蓉;高汤;老抽;白糖;盐;淀粉，
兑水调成芡汁

● **做法**

1. 锅中倒油，烧至油面起烟时，将土豆块放入，
炸成金黄色，略显透明时捞出;
2. 待锅中油微微冒烟时，将茄子倒入油锅，炸至
边沿焦黄，加入青椒块立即一起捞出;
3. 锅内放底油，爆葱花、蒜蓉，加入高汤、老抽、
白糖、盐、茄子、土豆和青椒块略烧;
4. 加入芡汁大火收汁即可。

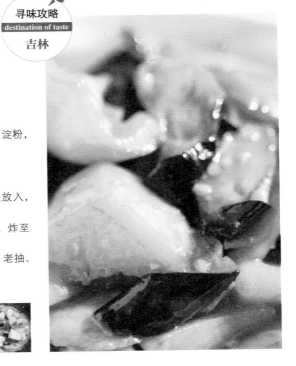

炒双冬

● **主料**

冬笋，切片
冬菇，切片

● **辅料**

熟猪油;盐;高汤;生抽;淀粉，兑水调成芡汁;
香油

● **做法**

1. 锅烧热入猪油化开，约八成热时下冬笋，小
火滑炒约 20 分钟捞起沥油;
2. 锅内余油烧热，下冬菇，略翻炒即起锅沥油;
3. 锅内余油烧热，冬笋入锅煸炒，然后下冬菇、
盐、高汤、生抽翻炒，略焖煮，大火芡汁勾芡
起锅，倒入适量香油即可。

油渣莲白

● **主料**

卷心菜，去梗切段

● **辅料**

猪边油，切丁；盐；生抽

● **做法**

1. 干锅煸炒猪边油丁；
2. 下卷心菜，旺火炒 30 秒钟；
3. 加入盐、生抽，拌匀入味即可。

开水白菜

● **主料**

母鸡
母鸭
火腿
排骨
干贝
鸡胸肉，打蓉
白菜心，焯好备用

● **辅料**

葱，切段；姜，切片；盐；料酒；高汤

● **做法**

1. 将母鸡、母鸭、火腿、排骨、干贝放入沸水中，除去血水和杂质，捞出，放入汤锅，加清水，放入葱段、姜片、盐，加料酒小火熬 4 小时，将鸡胸肉蓉放入汤锅中，黏附杂质，10 分钟后捞出弃用，反复几次，至高汤清澈后，放入白菜心煮 15 分钟；
2. 盛出白菜，浇入原汤即食。

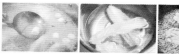

东乡土豆片

寻味攻略
destination of taste
甘肃东乡

● 主料

土豆，切厚片
青、红椒，切块
洋葱，切块

● 辅料

姜，切片；辣椒面；淀粉；盐；白糖；蚝油；醋

● 做法

1. 锅内放油，待油面开始涌动时，放入土豆片，炸至双面金黄时，捞出沥油；
2. 锅内放底油，将炸好的土豆片和青红椒块、洋葱块、姜片一起放入翻炒；
3. 将辣椒面和淀粉用冷水和匀，调入盐、白糖、蚝油、醋，再拌匀一起倒入锅中，翻炒均匀即可。

晋城烧大葱

寻味攻略
destination of taste
山西晋城

● 主料

大葱，葱白切段、葱绿切丝

● 辅料

猪肉，切丝；料酒；生抽；盐；荔枝肉；虾皮；淀粉，兑水调成芡汁；香油

● 做法

1. 葱白段焯水，盛出沥水后，将葱白段煎至表面呈金黄色捞出；放入葱绿丝爆香后取出，另取一锅水烧开，放入葱白段焯水约 30 秒后捞起放入碗中；
2. 炒锅内余油烧热，放入猪肉丝翻炒，加入料酒、生抽、盐、清水，大火烧开，撇去浮沫后淋在葱白上；
3. 荔枝肉放入碗中，放入猪肉丝、虾皮，上蒸锅蒸 4 分钟后取出倒扣在盘中，将葱码在最上层，加入芡汁勾芡，淋上香油即可。

寻味攻略
destination of taste
河北张家口

烧南北

● 主料

香菇，清水泡发、对半切片、汤汁放置备用
竹笋，切片
口蘑

● 辅料

八角；姜，切片；料酒；高汤；生抽；老抽；淀粉，
兑水调成芡汁；香油

● 做法

1. 将香菇片和笋片焯水；
2. 锅内入底油烧热，放入八角、姜片爆香，加料
酒和高汤烧开，捞出八角和姜片；
3. 放入生抽、老抽、香菇水、香菇片、竹笋片、
口蘑小火慢炖至入味；
4. 加芡汁大火勾芡，放入香油，略翻炒即可起锅。

扒三白

● 主料

鱼肉
猪肥膘
白菜心
芦笋

寻味攻略
destination of taste
辽宁

● 辅料

鸡蛋，取蛋清；高汤；盐；酒；淀粉，兑水调成芡汁；
熟猪油；葱，切末；姜，切末；鸡汤；鸡油

● 做法

1. 先将鱼肉和猪肥膘肉斩成蓉，加蛋清、高汤、盐、
酒、芡汁拌匀；
2. 起锅水烧开，将肉蓉汆制成鱼脯；
3. 将白菜心对半切开，下水焯透捞出，沥干水，
切成狭长条，放在圆盘中间；
4. 芦笋剥皮后，放在圆盘一边整齐排好；
5. 将熟鱼脯整齐地排在白菜的另一边；
6. 炒锅烧热，放熟猪油少许，下葱末、姜片炝锅，
加酒、鸡汤、盐、高汤，捞出葱姜，将盘中三种
原料整齐下锅，扒烧至入味，下芡汁勾芡，淋上
鸡油，出锅装盘即成。

东北大烩菜

● 主料

腊肠，切片
土豆，切块
茄子，切滚刀块
豆角，切段
洋葱，切块
干粉皮，泡发

● 辅料

葱，切段；姜，切片；八角；桂皮；黄豆酱；老抽；白糖；
蒜苗，切段；香菜，切末

● 做法

1. 炒锅入油爆香葱段、姜片、八角和桂皮，倒入腊肠片炒至透明，盛出放入砂锅中，再加上部分黄豆酱，拌匀备用；

2. 另起一锅，放入剩下的黄豆酱，倒入土豆块和茄子块翻炒，至茄子变软加入豆角段和洋葱块，煸炒至断生后倒入盛有腊肠的砂锅中；

3. 砂锅中加清水，调入老抽、白糖，大火煮开后调中火炖煮10分钟，待土豆绵软时将粉皮放入煮至透明，最后撒上蒜苗段、香菜末调味即可。

松仁玉米

● 主料

袋装甜玉米粒
剥壳松仁

● 辅料

香葱，切末；青辣椒，切丁；红辣椒，切丁；盐

● 做法

1. 将袋装甜玉米粒放入沸水中煮5分钟，取出沥干；

2. 将锅烧热，下松仁干炒出香味，呈金黄色即可盛出；

3. 锅内倒入底油烧热，用中火将葱末炒香，按顺序加入甜玉米粒，青、红辣椒丁以及干炒过的松仁翻炒；

4. 加入少量清水，加盐焖煮1分钟，起锅即可。

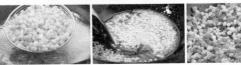

板栗烧菜心

● **主料**

湘西板栗，切薄片
上海青菜心

● **辅料**

熟猪油；盐；高汤；淀粉，兑水调成芡汁；香油；胡椒粉

● **做法**

1. 在锅内放入熟猪油，烧至油面起烟，放入板栗炸至表面金黄色时，捞出沥油；
2. 将炸好的板栗盛入砂质碗内，加盐，上笼蒸10分钟后取出备用；
3. 炒锅置旺火上，下熟猪油，烧至油面起烟，放入菜心、倒入蒸好的板栗加盐煸炒，放入高汤，倒入芡汁勾芡，盛入盘中，淋入香油，撒上胡椒粉即可。

虾酱鱿鱼炒长豆

● **主料**

长豆角，切段
虾酱
鱿鱼，切长条

● **辅料**

葱，切葱花；姜，切片

● **做法**

1. 锅中放油烧至六成热，然后放入长豆角段炸至表面微黄起泡捞出沥油；
2. 炒锅中放底油烧热，放葱花、姜片爆香，然后放入虾酱炒香；
3. 放入鱿鱼条迅速翻炒；
4. 待鱿鱼条炒至八成熟时放入炸好的长豆角段，翻炒至裹匀虾酱即可出锅。

灌辣椒

● 主料

猪肉，切末、剁成肉馅

青辣椒，去蒂、去囊

● 辅料

香葱，切末；姜，切末；生抽；盐；白糖；淀粉；面粉，
加水调制成面糊

● 做法

1. 猪肉馅中加入香葱末、姜末、生抽、盐、白糖拌匀，
若太干，可加入少许凉白开搅拌；

2. 青辣椒顶部用刀开小口，里面撒上淀粉，将拌
好的猪肉馅填入，然后用面糊封口；

3. 锅内入底油烧热，下青辣椒油炸。通常青辣椒发
软略皱时便可起锅，也可观察内馅是否炸熟再起锅。

南昌凉拌藕

● 主料

藕

● 辅料

香油；生抽；辣椒油；醋；白糖；盐；蒜，切末

● 做法

1. 藕去皮，下水煮熟，沥干水分；

2. 把沥好的藕切片，放入碗中；

3. 另取一碗，放香油、生抽、辣椒油、醋、白糖、
盐、蒜末，调成汁；

4. 将调好的汁倒入藕片中，拌匀即可。

寻味攻略
destination of taste
浙江杭州

炸藕夹

寻味攻略
destination of taste
湖北嘉鱼

● 主料

鲜藕，去皮切成薄的连刀藕夹
猪肉
鸡蛋
面粉

● 辅料

葱，切葱花；姜，切末；盐；生抽；香油；高汤

● 做法

1. 猪肉剁泥，加葱姜末、盐、生抽、香油、高汤，搅拌成馅，抹入藕夹内；
2. 鸡蛋磕入碗内，加面粉、水和糊备用；
3. 锅内加充足的油，烧至油面起青烟，将藕夹挂蛋糊下入油锅内炸至金黄色，即可捞出装盘。

桂花糯米藕

● 主料

糯米
莲藕，去皮、一端斜切一刀、藕梢留用

● 辅料

小苏打；白糖；糖桂花；蜂蜜

● 做法

1. 将糯米浸泡 1 小时，沥干水备用；
2. 将糯米从藕洞切口处灌入，灌满后把切下的藕梢盖在原切口上，用牙签固定待用；
3. 把莲藕置于锅中，放入小苏打，加水用旺火煮熟，捞出后倒出小苏打水；
4. 把锅置于火上，加水、白糖、糖桂花，放入莲藕旺火烧沸，转中火煮至莲藕酥时将莲藕捞出，放凉以后切成片，装盘；
5. 在锅中加入原来煮莲藕的小苏打水，烧至浓稠呈蜜汁状时，浇在莲藕片上，最后淋上蜂蜜即可。

● 主料

苦瓜，掏空瓜瓢，切段

五花肉，剁肉末

● 辅料

盐；胡椒粉；生抽；白糖；淀粉；韭菜，切末；豆豉；
蒜，切末

● 做法

1. 将五花肉末用盐、胡椒粉、生抽、部分白糖、
淀粉腌制，将韭菜末与肉一起搅拌均匀备用；

2. 豆豉洗净捣烂，加蒜末拌匀备用；

3. 将腌过的肉馅填入瓜里，肉馅尽量压平，用
平底锅烧热油，将填好的苦瓜肉馅朝下放入锅
内，小火将两面煎至金黄，装盘待用；

4. 将煎好的苦瓜竖装盘，撒上蒜末和豆豉，入
笼蒸 20 分钟即可。

寻味攻略
destination of taste
广东、福建

客家酿苦瓜

寻味攻略
destination of taste
陕西延安

蜜汁南瓜

● 主料

南瓜，去皮、去籽，切方块

● 辅料

蜂蜜；白糖；盐；蜜枣

● 做法

1. 将南瓜块放入沸水中汆烫；

2. 另起锅加水，下蜂蜜、白糖、盐和南瓜块，旺
火煮沸后转小火焖熟，装盘；

3. 将蜜枣摆在南瓜上，再将剩余的糖汁浇在南瓜
上即可。

寻味攻略
destination of taste
北京

蜜枣扒山药

● **主料**

山药，煮熟、去皮、切段、顺着长条一剖两半、
用刀拍松

● **辅料**

熟猪油；猪网油；樱桃，去核；蜜枣，剖半、去核；
白糖；糖桂花；淀粉，兑水调成芡汁

● **做法**

1. 碗内抹上熟猪油，垫入猪网油；
2. 放入樱桃，将蜜枣围在樱桃周围，将山药段码
在蜜枣上，码一层山药撒一层白糖；
3. 在山药上稍淋些熟猪油，加入糖桂花，上笼蒸透；
4. 将蒸好的山药翻入盘内，剔去网油渣、桂花渣；
5. 锅内注入清水，下白糖烧开，用芡汁勾稀芡成
糖汁，倒入盘中即可。

寻味攻略
destination of taste
甘肃兰州

蜜汁百合

● **主料**

鲜百合

● **辅料**

蜂蜜；白糖

● **做法**

1. 将鲜百合放入开水中焯熟，捞出；
2. 锅内加入适量清水，放入蜂蜜搅匀；
3. 再放入白糖煮开，然后关火晾凉，制成卤汁；
4. 将百合放入卤汁中，浸卤 30 分钟后，即可盛出
食用。

土家炕洋芋

寻味攻略
destination of taste
湖北
宜昌、恩施

● **主料**

洋芋（土豆），去皮

● **辅料**

蒜，切末；辣椒粉；盐

● **做法**

1. 洋芋放入开水中，煮至七成熟，盛出；
2. 干锅热油，放入切好的土豆，反复煎炒至表皮焦黄；
3. 放入蒜末、辣椒粉、盐，翻炒拌匀即可。

返沙芋头

寻味攻略
destination of taste
广东潮州

● **主料**

芋头，去皮、切长条

● **辅料**

白糖

● **做法**

1. 锅内入底油，加热至油面向四周翻动，放入芋头条，中小火炸至熟透，盛出沥油；
2. 另起锅，加入水和白糖，熬至出现丰富的大气泡；
3. 放入炸好的芋头条，锅边出现糖沙时关火；
4. 继续翻炒至糖浆变干、芋头表面出现糖霜。

渍菜粉

寻味攻略
destination of taste
黑龙江、吉林、辽宁

● 主料

酸菜，切丝
水晶粉条，清水泡发
五花肉，切丝

● 辅料

盐；料酒；生抽；葱，切末；姜，切末；蒜，切末

● 做法

1. 五花肉丝用盐、料酒、生抽略腌制；
2. 锅内下底油，五花肉丝冷油入锅翻炒，盛起备用；
3. 葱姜蒜末入锅爆香，下酸菜丝翻炒 2 分钟；
4. 下水晶粉条入锅翻炒，加入少许清水，五花肉丝回锅，大火收汁即可。

芥末墩

寻味攻略
destination of taste
北京

● 主料

大白菜，整棵切去菜叶、留菜帮

● 辅料

芥末；白糖；盐；白醋

● 做法

1. 将白菜帮切成 3 ～ 5 厘米的菜段；
2. 用牙签固定每个白菜墩儿；
3. 将白菜墩儿放在漏勺里，开水淋浇白菜墩儿 3 ～ 5 次，过凉水，沥干水分；逐个处理好，备用；
4. 将烫好的白菜墩儿码放在容器里，每码一层均匀撒上芥末、白糖、盐，一层层码完后浇入少许白醋；
5. 密闭容器，2 ～ 3 天后即可食用。

绍兴霉冬瓜

寻味攻略
destination of taste
浙江绍兴

● 主料

老嫩适中的冬瓜，去皮、去籽、去瓤

● 辅料

盐；姜，切片；蒜瓣；干辣椒

● 做法

1. 将冬瓜切成5厘米左右的冬瓜块后放入锅内，汤水要没过冬瓜块，煮到六成熟；
2. 将煮好的冬瓜放入清水内浸泡一至两天，直到冬瓜颜色变清变白；
3. 将漂洗后的冬瓜放在竹筛上晾干后，装入泡菜坛，装坛前先在坛底撒一层盐，然后摆放一层冬瓜，再撒一层盐，依次类推；
4. 装好冬瓜后放入姜片、蒜瓣、干辣椒等作料，密封。

雪里蕻烤毛笋

寻味攻略
destination of taste
江苏、浙江

● 主料

新鲜毛笋，去壳、剖开、滚刀切块
雪里蕻梗，切段

● 辅料

盐

● 做法

1. 毛笋块入锅，加入适量清水没过笋块煮开；
2. 将浮沫撇去，加盐，转小火焖煮15分钟；
3. 加入雪里蕻，转中火焖煮5分钟即可。

四季烤麸

● 主料

烤麸，用冷水浸泡 2 小时
干香菇，用冷水浸泡开，切小块
干木耳，用冷水浸泡开，撕小块
黄花，用冷水浸泡开，切段
煮花生

寻味攻略
destination of taste
上海

● 辅料

盐；白糖；生抽

● 做法

1. 烤麸泡好后按压，挤出水分后再次冲洗，吸足水分后再次按压，直到豆腥味变淡，最后切成 1.5 厘米见方的小块后，将小烤麸块挤干水分后放在平底锅中用中火煎至微微上色；

2. 炒锅中放入少许油烧到四成热，放入香菇丁、木耳丁、黄花段煸出香味，然后放入烤麸块，加入盐、白糖炒匀；

3. 淋入生抽炒至上色，倒入花生粒、浸泡香菇和木耳的水，加盖用中火焖烧，收尽汤汁即可。

素火腿

寻味攻略
destination of taste
安徽安庆

● 主料

山药，去皮

● 辅料

淀粉，兑水调成芡汁；鸡蛋，取蛋清；盐；高汤；白糖；嫩糖色；香油；砂仁面；建曲汁

● 做法

1. 将山药入笼蒸熟，制成泥，加芡汁、蛋清、盐、高汤、白糖搅匀，制成山药料；

2. 取 1/10 的山药料，加入嫩糖色，掺匀倒入内壁抹了香油的铁盒，摊平入笼蒸硬即为"肉皮"；

3. 再取 3/10 的山药料倒在肉皮上，摊平蒸 10 分钟，出笼为"肉膘"；

4. 将剩余山药料加入砂仁面、建曲汁搅匀，摊在"肉膘"上，再入笼蒸 35 分钟，凉凉，倒出刷上香油，切片即成。

鉴真素鸭

寻味攻略
destination of taste
江苏扬州

● **主料**

冬笋，切丝
青椒，切丝
红椒，切丝
香菇，水发后切丝
油豆皮

● **辅料**

大葱，切末；姜，切末；盐；生抽；料酒；五香粉；
香油

● **做法**

1. 把笋丝、青椒丝、红椒丝下加入葱姜末、盐、生抽、
料酒、五香粉炒拌后装入盘中；
2. 将炒好的笋丝、青椒丝、红椒丝和香菇丝均匀
撒在平铺的油豆皮上，再覆盖另一张油豆皮；
3. 将细竹签插在两张油豆皮边缘并将油豆皮压实，
放入锅中煎至金黄时，在油豆皮上戳几个小孔；
4. 盛出油豆皮，将其放在案板上切成小块，放入
盘中，点香油，撒上些绿色衬物，即可食用。

菜团子

寻味攻略
destination of taste
黑龙江、
吉林、辽宁

● **主料**

玉米面
豆面
小米面
五花肉，切末
雪里蕻，切末

● **辅料**

苏打；葱，切末；姜，切丝；香油；酱油；盐

● **做法**

1. 把玉米面、豆面、小米面按 1：1：1 比例混合，
放适量苏打，加 30℃左右的温水，边倒水边搅拌，
和匀后放置 30 分钟，并用湿布盖好，防止面变干；
2. 把葱末、姜丝、香油、盐、酱油与五花肉末调
和均匀，腌制 10 ～ 15 分钟；
3. 将雪里蕻末用手捏团，挤出水，和腌制好的肉
馅均匀地拌在一起；
4. 搓圆醒好的面团后双手一拍，往摊在手心里的
面皮放馅，边转面皮边往上拢，两手拇指同时把
馅往里按，将面片推匀捏团，蒸 30 分钟即可。

037

寻味攻略

destination of taste

河北邢台

蒸苦累

● **主料**

玉米面
小麦粉
长豆角，切段

● **辅料**

盐；蒜，捣成汁；醋；酱油；香油

● **做法**

1. 将玉米面、小麦粉加盐和匀；
2. 加入长豆角段充分混合，使豆角尽量多地沾上面粉；
3. 将蒸布用水淋湿，铺好，将苦累一层层铺在蒸布上，铺匀，大火蒸 20 分钟；
4. 将蒜汁、醋、酱油、香油搅拌在一起做成汤汁；浇在蒸好的苦累上，拌食。

蒸槐花

寻味攻略

destination of taste

河南

● **主料**

槐花
玉米面

● **辅料**

盐；胡椒粉；蒜，切成蒜泥；醋；香油

● **做法**

1. 将槐花和玉米面按 1 ：1 的比例均匀拌在一起，上蒸锅，水开后大火蒸 15 分钟；
2. 将蒸槐花取出，适当搅拌、晾凉，让蒸槐花不板结；
3. 加入盐、胡椒粉、蒜泥、醋、香油拌匀即可食用。

老虎菜

主料

青椒，切丝
红椒，切丝
黄瓜，切丝
葱，切丝
香菜，切段

辅料

香油；酱油；盐；白糖；醋

做法

1. 将香油、酱油、盐、白糖、醋放入碗中调成汤汁；
2. 在汤汁碗中加入青红椒丝、黄瓜丝，拌匀，腌制 2 分钟；
3. 放入葱丝、香菜段，拌匀即可食用。

奶汤素烩

- **主料**

奶汤

- **辅料**

胡萝卜，切圆块；莴笋，去皮、削成橄榄形；菜花，掰小朵；盖菜心，去薄膜、切块；冬笋，切块；水发黄耳，切成厚片；水发口蘑，剖成两半；水发冬菇，切片；西红柿，开水烫后去皮，切成三棱形，去掉汁、籽；豆腐，切三角块；盐；胡椒粉；料酒；鸡油

- **做法**

1. 胡萝卜块、莴笋块、小朵菜花、盖菜块、冬笋块、黄耳片、口蘑瓣、冬菇片、西红柿块分别用开水烫透，捞出过凉；
2. 锅底入油烧热，下豆腐块，炸至黄色捞出，放入碗中用奶汤浸泡；另起一锅加奶汤烧开，加入上述处理好的所有材料，放入盐、胡椒粉、料酒，撇净浮沫。待菜已煮烂，浇入鸡油，盛出即可。

寻味攻略
destination of taste
四川、重庆

辣白菜

● 主料

大白菜

● 辅料

盐；白梨，切丝；苹果，切丝；白萝卜，切丝；鱼露；姜，切丝；蒜；切丝；辣椒、干辣椒粉；白糖

● 做法

1. 将大白菜去根后，从中间切开，把切好的大白菜抹盐渍出多余的水分；
2. 依据个人口味调制调料，将包括白梨丝、苹果丝、白萝卜丝、鱼露、姜丝、蒜丝、辣椒、白糖等调料放在盆中，与现磨的干辣椒粉均匀搅拌在一起；
3. 把调制好的调料一层层铺进白菜里；
4. 将大白菜攥紧，装入保鲜盒内，冷藏 40 个小时即成。

寻味攻略
destination of taste
吉林延边

泡菜

● 主料

四川时令蔬菜

● 辅料

粗盐；花椒粒；老姜，去皮、切大块；嫩姜，切大块；蒜瓣；鲜辣椒（较辣），去蒂；高度白酒

● 做法

1. 泡菜坛洗净，用开水烫过后，自然风干；
2. 坛内加入凉白开、花椒粒、老姜块、嫩姜块、蒜瓣、鲜辣椒，盖上盖子时，要在坛沿上加上水从而更好地将空气阻隔；
3. 把坛子放在室内阴凉处，等待泡菜水自然发酵，一段时间后，泡菜水会自然混浊，并散发出泡菜的酸味；
4. 此时可选择自己喜欢的蔬菜放入坛内，为保证泡菜水发酵正常，可加入少量白酒，夏季气温高时可多加一些，一般夏季腌 1～2 天，冬季腌 2～3 天即可取出食用。

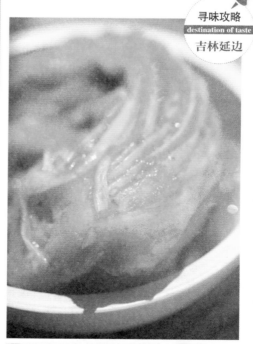

腊八蒜

- **主料**

蒜

寻味攻略
destination of taste
华北地区

- **辅料**

山西陈醋

- **做法**

1. 将大蒜放入可以密封的坛子或者瓶子中，将醋倒入，直至没过蒜瓣；

2. 将容器密封，放置到 15℃左右的地方，泡制 10 天左右，蒜瓣呈翠绿色即可。

酱红萝卜

寻味攻略
destination of taste
河南杞县

- **主料**

红萝卜

- **辅料**

盐；老抽；甜面酱

- **做法**

1. 先将盐与水按照 1：6 的比例调制盐水，再将红萝卜放盐水中腌制；

2. 腌半个月后，捞出晒 1 天；

3. 把老抽煮沸，加入甜面酱搅匀，放入容器中。再把萝卜放入，进行腌制，当中每 5 天翻 1 次，泡 20 天即成。

寻味攻略
destination of taste
北京

素丸子

● 主料

北豆腐，抓碎
胡萝卜，切丝
粉丝，泡发切段

● 辅料

鸡蛋；面粉；盐；白胡椒粉；香菜，切末

● 做法

1. 将准备好的北豆腐、胡萝卜丝、粉丝放在一起，打入鸡蛋，加入两把面粉，搅拌均匀；
2. 在搅拌好的食物中，加入盐、白胡椒粉调味；
3. 将调好的混合物捏成球状；
4. 锅内倒油加热，微微起青烟时，将丸子下锅炸至颜色变黄时捞出，撒上香菜末即可。

西湖莼菜汤

寻味攻略
destination of taste
浙江杭州

● 主料

西湖鲜莼菜

● 辅料

鸡胸肉，切成细丝；火腿，切成细丝；高汤；盐；
熟鸡油

● 做法

1. 锅内舀入清水，投入莼菜，大火烧沸后立即捞出，沥去水，盛在汤碗中；
2. 将鸡胸肉丝和火腿丝继续放入沸水锅中煮熟，沥水备用；
3. 另取一锅，加入高汤和盐，烧沸后撇去浮沫，浇在莼菜上，再放入熟鸡胸肉丝和火腿丝，淋上熟鸡油即可。

古人诗意地将豆腐比作田中之肉。中华民族的营养供给，在很大程度上是靠豆制品来维系的。千百年来，人们将豆腐这一食材演绎出许多品种，它可以和各种食材同烹，吸收众长，集美味于一身；它也可以自成一格，清淡爽口，更具有一种令人难忘的吸引力。本色、朴素，大概就是对豆腐最贴切的描述了吧。

· TIPS ·

1. 泡豆腐的水温度最好保持在 70℃左右，这样能保证豆腐在烧制过程中不易碎；

2. 烹饪豆腐前，焯水的过程不能省略，这一步骤可最大程度地降低豆腥味；

3. 切豆腐前将刀蘸一下水，可防止豆腐粘刀；

4. 豆腐不宜与葱、菠菜等搭配食用。

麻婆豆腐

寻味攻略
destination of taste
四川成都

● **主料**

豆腐
牛肉馅

● **辅料**

郫县豆瓣酱；豆豉；蒜，切末；黄酒；肉汤；生抽；盐；淀粉，兑水调成芡汁；花椒粉；蒜苗，切丁

● **做法**

1. 将豆腐切成2厘米见方的块，在清水里放少许盐，把切好的豆腐放在水中，浸泡15分钟后捞出备用；
2. 锅内入底油，煸炒牛肉馅，变色后下入郫县豆瓣酱煸炒，煸炒出香味后下入豆豉煸炒出香味，下入部分蒜末煸炒，烹入黄酒炒匀，倒入肉汤煮开，放入生抽，再用盐调味；
3. 下入豆腐煮开，再煮大约5分钟；
4. 加入芡汁勾芡，转动炒锅用炒勺推动锅底，使豆腐不至煳锅，淀粉彻底糊化后便可出锅；
5. 装盘以后趁热均匀地撒上一层花椒粉、其余蒜末和蒜苗丁。

蟹黄汪豆腐

● **主料**

豆腐，切块
咸鸭蛋黄
芋头，切块

● **辅料**

高汤；淀粉，兑水调成芡汁；枸杞

● **做法**

1. 先把豆腐洗净切小块，把咸鸭蛋黄压碎加 5 勺水拌匀；
2. 在油锅里放入底油，油面刚刚开始冒烟的时候放入豆腐块和芋头块，注意保持豆腐的形状；
3. 放入蛋黄轻炒两下，豆腐上色以后放入少量高汤；
4. 加入芡汁勾芡，加几颗枸杞。

客家酿豆腐

● **主料**

北豆腐（卤水豆腐）

● **辅料**

猪肉；香菇，温水泡发；葱白；生抽；盐；淀粉；胡椒粉；肉汤；小葱，切葱花

● **做法**

1. 将猪肉、香菇、葱白一起剁馅，加生抽、盐、淀粉、胡椒粉、油，搅拌上劲；
2. 将豆腐切块用匙羹挖出小洞，填入肉馅；
3. 用平底锅将油烧热，先将有馅的一面朝下用小火煎熟，再改中火把底面和四周煎至焦黄；
4. 另起锅，加肉汤煮开，放入盐、生抽调味，将豆腐倒入锅内大火煮沸；
5. 转小火焖至入味，撒葱花提味。

文思豆腐

寻味攻略
destination of taste
江苏扬州

● 主料

豆腐，切片，再切丝

● 辅料

鸡汤；盐；胡萝卜，切丝；火腿，切丝；绿叶蔬菜，切丝；木耳，切丝；鸡油

● 做法

1. 将豆腐丝放入清水中润开，去除豆腥味；
2. 将炒锅上火，加入鸡汤和清水，捞出豆腐丝；
3. 烧沸后，撇去浮沫，加盐、胡萝卜丝、火腿丝、绿叶蔬菜和木耳丝稍烩一下，即可出锅倒入汤碗内，淋入鸡油即成。

香椿锅塌豆腐

寻味攻略
destination of taste
山东济宁

● 主料

豆腐，切块
香椿，焯烫、切碎

● 辅料

料酒；葱，切葱花；盐；面粉；鸡蛋，打散；香油

● 做法

1. 用料酒、葱花、盐将豆腐块腌 10 分钟；
2. 将腌好的豆腐蘸上面粉，裹上鸡蛋液；
3. 将油烧热，逐块放入豆腐，炸至金黄，盛出备用；
4. 葱花炝锅，放入炸好的豆腐，加一碗清水；放入香椿，一起翻炒；
5. 出锅前加适量盐，淋上香油。

酱汁豆腐

● **主料**

豆腐，切块

● **辅料**

酱油；白糖；盐；香油；香菜，切段

● **做法**

1. 将酱油、白糖、盐、香油搅匀调成酱汁；
2. 将豆腐块入锅焯水，焯熟后出锅装盘；
3. 酱汁淋在豆腐上，撒上香菜段即可。

豆腐圆子

● **主料**

酸汤豆腐

● **辅料**

盐；高汤；碱；胡椒粉；五香粉；葱，切葱花；
酱油；香油；醋；辣椒面

● **做法**

1. 将豆腐、盐、高汤、碱、胡椒粉、五香
粉放入盆中，揉成蓉；
2. 揉至有韧性，加入葱花继续揉蓉；
3. 将揉好的豆腐蓉团成一个个鸡蛋大小的
圆子后，锅内加油，烧至油面向四周翻动，
放入圆子，炸至黄褐色，盛出；
4. 以葱花、酱油、香油、醋、辣椒面调汁，
蘸食。

沙县豆腐丸

寻味攻略
destination of taste
福建沙县

● 主料

鲜豆腐
猪肉馅

● 辅料

鸡蛋，打散打匀；姜，部分切丝，部分打汁；洋葱，切末；胡椒粉；木薯粉；鲜猪油；香油；黄酒；辣酱

● 做法

1.取若干鲜豆腐投于盆中，加蛋液、姜汁、洋葱末、胡椒粉及少量的木薯粉，搅成糊状；

2.用汤匙舀起，包入肉馅，投于水中文火慢煮，丸子浮出水面时，捞起备用；

3.将锅烧热，倒入鲜猪油，加姜丝、洋葱末使其有香味，再倒入适量清水，然后将煨好的豆腐丸倾入锅内，用文火煮制10～15分钟，加香油、黄酒、辣酱等调料，起锅即可。

鸡蓉豆腐

寻味攻略
destination of taste
湖北

● 主料

鸡胸肉，剔去筋络，剁蓉
豆腐，去外皮、切碎成泥

● 辅料

鸡蛋，取蛋清；鸡汤；盐；料酒；猪肥膘肉，剁成细蓉；荸荠，去皮、切末；葱，切末；姜，切末；胡椒粉；猪油；香菇，水发对半切开；淀粉，兑水调成芡汁；白菜心

● 做法

1.鸡蓉中加入蛋清、鸡汤、盐以及料酒拌匀，然后加入碎豆腐、猪肉蓉、荸荠末、葱姜末以及胡椒粉，搅拌均匀后捏成小团子备用；

2.锅内入猪油烧热，小团子下锅炸至七成熟时捞起放入大碗中，放入香菇和适量鸡汤，上蒸锅蒸制15分钟；

3.捞出丸子摆盘，汤汁入炒锅烧沸，然后用芡汁勾芡，将汤汁淋在豆腐上；

4.锅内入底油烧热，白菜心入锅翻炒，熟透起锅，摆在豆腐周围，撒上胡椒粉即可。

腐衣卷菜

● 主料

猪五花肉，切末
鲜豆腐皮

● 辅料

冬笋，切粗丝；水发香菇，切粗丝；盐；香油；料酒；
淀粉

● 做法

1. 将冬笋丝、香菇丝放入新鲜瘦肉末中，用盐、香油、料酒拌匀入味；
2. 豆腐皮撒些清水使之回软，平铺在案板上，修去硬边，裁成 7 厘米长、5 厘米宽的块；
3. 逐一理平，撒上淀粉，放上调好味的肉末、冬笋丝、香菇丝，卷成拇指粗的卷；
4. 在豆腐皮卷外面刷上一层香油，放入蒸锅蒸 5 ～ 8 分钟，取出，再刷一次香油，3 分钟后即可装盘。

红烧毛豆腐

● 主料

毛豆腐

● 辅料

辣椒；大葱，切葱花；豆瓣酱；盐；高汤

● 做法

1. 锅内倒入大量油，烧热至油面冒烟，下入豆腐，炸至两面金黄，捞出沥油备用；
2. 另起锅，倒入底油，放入辣椒、葱花、爆香，下入豆瓣酱炒出红油；
3. 加高汤、盐，下入炸好的毛豆腐，红烧 3 分钟，即可出锅。

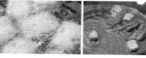

小豆腐

寻味攻略
destination of taste
黑龙江、
吉林、辽宁

● **主料**

黄豆，泡至发胀
萝卜缨，切碎

● **辅料**

盐；葱，切葱花

● **做法**

1. 将泡好的黄豆用小石磨精磨成糊状生豆浆；
2. 糊状生豆浆放锅中烧开，放入萝卜缨，小火焖
30 分钟，不时地翻搅，以免烧煳；
3. 加盐、葱花调味，即可出锅食用。

高平烧豆腐

寻味攻略
destination of taste
山西高平

● **主料**

豆腐，切块
豆腐渣

● **辅料**

玉米面；姜，舂蓉；蒜，舂蓉；盐

● **做法**

1.锅内入少许底油，放入玉米面炒制备用；
2.豆腐渣中加入玉米面、姜蒜蓉、盐，做成馅料；
3.豆腐块用大火烤至表面呈现出淡黄色即可；
4.锅内入水烧开，下豆腐块煮熟；
5.煮好的豆腐块切成厚片，再片成豆腐夹，夹入馅
料即可。

寻味攻略
destination of taste
河南周口

泥鳅钻豆腐

● 主料

活泥鳅
白豆腐，切大块

● 辅料

姜，切末；干辣椒，切末；桂皮；花椒粒；葱，切段；
生抽；黄酒；米醋；盐；白糖

● 做法

1. 将活泥鳅及豆腐块放入锅内水中，加盖煮，水量以没过泥鳅、豆腐块为宜，以便泥鳅能自由游动；
2. 水煮沸5分钟后，将泥鳅、豆腐块、汤汁倒入干净容器中；
3. 炒锅上火，放入花生油（或菜油），油五六成热时，投入姜末、干辣椒末、桂皮、花椒粒、葱段煸炒；
4. 煸炒至溢出香味后，倒入泥鳅、豆腐块、汤汁、生抽、黄酒、米醋，旺火加盖共煮；
5. 煮沸后，再以中火焖煮15～20分钟，加适量盐、白糖调味即可。

豆腐果

寻味攻略
destination of taste
贵州贵阳

● 主料

酸汤豆腐，切成5厘米宽、7厘米长、3厘米厚的长方块

● 辅料

折耳根，切末；苦蒜，切末；生抽；高汤；香油；花椒粉；煳辣椒粉；姜米；葱，切葱花

● 做法

1. 将豆腐块用碱水浸泡一下，捞出放在竹篮子里，用湿布盖起发酵12小时；
2. 将折耳根末、苦蒜末装入碗中加生抽、高汤、香油、花椒粉、煳辣椒粉、姜米、葱花拌匀成作料待用；
3. 将发酵好的豆腐排放在特制的糠壳铁孔灶上烘烤，烤至豆腐两面皮黄里嫩、松泡鼓胀后用竹片划破侧面成口，舀入拌好的作料即成。

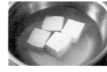

扒冻豆腐

● 主料

冻豆腐，凉水解冻、沥干水分后切块

● 辅料

熟猪油；面粉；高汤；盐；花椒水；料酒；葱，打汁；
姜，打汁；淀粉，兑水调成芡汁；鸡油

● 做法

1. 起锅加水烧开将冻豆腐焯水，捞出控净水；
2. 锅烧热入熟猪油化开，放入面粉炒开，放入高汤、
盐、花椒水、料酒、葱姜汁炒匀，下豆腐转小火炖煮；
3. 汤汁快要收干时，用芡汁大火勾芡收汁，起锅
淋上鸡油即可。

井冈山豆皮

● 主料

豆腐皮
烟熏肉，切片
青红椒，切片
青蒜苗，切段

● 辅料

盐，部分加水兑成淡盐水；蒜，切片；料酒；生抽；
白糖

● 做法

1. 将豆腐皮放入温水中泡软后切条，再放入淡盐
水中浸泡 15 分钟捞出；
2. 锅内放底油，放入熏肉片、蒜片煎至金黄，加
入青红椒，翻炒出味后，加入豆腐皮翻炒；
3. 在锅内加料酒、生抽、水稍炖，待汤汁略收后
加白糖、盐，翻炒均匀后，放入青蒜苗出锅。

尚稽豆腐皮

寻味攻略
destination of taste
贵州遵义

● 主料

尚稽豆腐皮

● 辅料

辣椒粉；花椒粉；香油；盐

● 做法

1.锅内倒入底油烧热，将豆腐皮入锅炸至金黄干脆起锅；

2.撒上辣椒粉、花椒粉、香油、盐调味，拌匀即可食用。

三鲜豆皮

● 主料

大米，浸泡
绿豆，浸泡
去皮猪肉，切丁
猪口条，切丁
猪肚，切丁
糯米，蒸热

寻味攻略
destination of taste
湖北武汉

● 辅料

叉烧肉，切丁；猪心，切丁；水发玉兰，切丁；水发香菇，切丁；绍酒；生抽；盐；猪油；鸡蛋，打散

● 做法

1. 将浸泡过的大米、绿豆加水用豆浆机制成豆面浆；

2. 将去皮猪肉丁、猪口条丁、猪肚丁、叉烧肉丁、猪心丁和玉兰丁、香菇丁、绍酒、生抽、盐拌匀成馅料，锅中加猪油、盐、水，放入糯米炒透；

3. 将豆面浆在煎锅中摊成皮，打入鸡蛋涂匀，烙至豆皮成形；倒入糯米、馅料，铺匀，对折豆皮；沿豆皮边淋入猪油，边煎边切成小块，再浇入猪油，起锅即可。

寻味攻略
destination of taste
湖北恩施

合渣

● 主料

黄豆

● 辅料

油菜叶，切丝

● 做法

1. 将黄豆放清水中泡胀后，磨成豆浆，连豆渣一起放入碗内；
2. 在豆浆中兑水放入锅中，煮至沸腾；
3. 在豆浆中放入切好的油菜丝，再次煮至沸腾，一锅乳白带绿的合渣便做好了。

油炸臭豆腐

寻味攻略
destination of taste
安徽
皖南地区

● 主料

豆腐

● 做法

1. 将豆腐切成小块，放在白布中间，用布把小块豆腐包紧；
2. 把包好的豆腐平放在木板上，整齐码好，并压上重物过一晚，这时豆腐变得结实，水分已经差不多被榨干；
3. 将豆腐整齐地码在木板上，放置发酵；
4. 等到豆腐长毛时，将豆腐取出，去掉白布即成；
5. 臭豆腐油炸至金黄蘸满调味料即可。

寻味攻略
destination of taste
四川成都

酸辣豆花

● 主料

豆花

● 辅料

素汤；色拉油；盐；淀粉，兑水调成芡汁；胡椒粉；
辣椒油；花椒面；酥黄豆；酥花生仁

● 做法

1. 炒锅放到旺火上，放入素汤、色拉油、盐烧沸；
2. 用芡汁勾芡入锅，再加入胡椒粉烧沸，放入豆花；
3. 将豆花盛入碗中，淋入辣椒油，撒上花椒面、
酥黄豆、酥花生仁等即成。

八宝豆腐羹

寻味攻略
destination of taste
江苏苏州

● 主料

嫩豆腐，切小块

● 辅料

鸡胸肉，切丁；虾仁，切丁；淀粉；绍酒；高汤；香菇，
切丁；火腿，切丝；胡萝卜，切丝；鸡蛋；盐；香葱，
切末

● 做法

1. 鸡胸肉丁和虾仁丁、淀粉、绍酒放在一起均匀
搅拌成淀粉勾芡；
2. 高汤入锅烧开，加入香菇丁、火腿丝以及胡萝
卜丝，然后加入鸡胸肉丁、虾仁丁以及豆腐块煮开；
3. 汤汁沸腾时，将打散的鸡蛋倒入锅内，并迅速
搅拌，加盐调味；
4. 用淀粉勾芡入锅，起锅后撒香葱末即可。

寻味攻略
destination of taste
浙江杭州

干炸响铃

● **主料**

猪里脊肉，剔去筋膜、剁成泥
豆腐皮，润潮后去边筋、切成长方形

● **辅料**

黄酒；盐；高汤；鸡蛋，取蛋黄

● **做法**

1. 在剁好的猪肉泥中加入黄酒、盐、高汤和鸡蛋黄拌成馅；
2. 取两张豆腐皮叠层摊平，将肉馅放在豆腐皮的一端，用刀将肉馅摊成3厘米的宽条，再放上切下的碎豆腐皮，卷成松紧适宜的圆筒状，卷合处蘸以清水粘接；
3. 将豆腐皮卷切成长段，竖立放置；
4. 炒锅中加足量油，加热至油面开始涌动时，将豆腐皮卷放入油锅；
5. 用勺不断翻动，炸至黄亮松脆，用漏勺捞出沥去油，装盘。

长沙臭豆腐

寻味攻略
destination of taste
湖南长沙

● **主料**

长沙臭豆腐

● **辅料**

生抽；辣椒油；香油；盐；辣椒面

● **做法**

1. 锅内入底油烧热，下臭豆腐，略翻动后转小火炸制5分钟后起锅；
2. 加生抽、辣椒油、香油、盐调成味汁；
3. 用筷子为臭豆腐开口，淋入适量调味汁，撒上少许辣椒面即可。

菌 菇

古书中常提到"山珍"，说的就是细腻顺滑的菌类。菌类营养丰富，可增强人体免疫力。它是菜似肉的独特口感以及独特的馥郁香气，让尝过滋味的人念念不忘。中国人习惯用菌菇做菜或汤，一些常见的菌菇还可以随意与肉类搭配。无须花哨的调味、复杂的烹饪技法，只需新鲜的食材就能烹饪出让味蕾震颤的美味，永远能取悦你的唇舌。

· TIPS ·

1. 菌菇不易熟，煮之前可以先用水泡发，浸泡时，水温宜在80℃左右，用冷水或开水浸泡，容易令其鲜香流失；

2. 新鲜的菌类不宜沾水，保存时，用干净的湿布将其表面擦干后，伞柄朝上放于保鲜袋里，并将保鲜袋扎孔，放在冰箱冷藏抽屉里即可，最长可以有效保存菌类2周之久。

口蘑烧肉

寻味攻略
destination of taste
河北张家口

● **主料**

五花肉，切片
口蘑，切片，过凉水，捞出沥干

● **辅料**

料酒；盐；葱，切段；姜，切丝；甜面酱

● **做法**

1. 五花肉片放入碗中加入料酒和盐腌制5分钟；
2. 炒锅中放底油，烧至五成热放入五花肉煸炒至变色；
3. 另起炒锅放底油烧热，放入葱段和姜丝爆香，然后加入甜面酱炒香；
4. 放入五花肉和口蘑，加入少量料酒然后烧至收汁起锅。

冬菇煨扁豆

寻味攻略
destination of taste
北京

● 主料

嫩扁豆
冬菇，温水泡软、切成细丝

● 辅料

盐；香油；白糖；胡椒粉

● 做法

1. 将嫩扁豆择去两端，投入沸水锅中充分烫熟，捞出晾凉，切成细丝，放入盆中，加盐拌匀腌20分钟左右，腌好后放入盘中待用；
2. 锅置于火上，放香油烧热，投入冬菇丝煸炒，加入盐和白糖炒匀，倒在腌过的扁豆丝上，撒上胡椒粉，拌匀装盘即成。

寻味攻略
destination of taste
江浙地区

鲜蘑菜心

● 主料

鲜蘑菇，切厚片
上海青，取菜心

● 辅料

盐；白糖；高汤；料酒；淀粉，兑水调成芡汁；香油

● 做法

1. 将鲜蘑菇片放入沸水锅中略氽后捞出，控干水分；
2. 菜心撕去筋，用小刀将根部劈成米字形；
3. 炒锅加入油，烧至七成热时投入菜心，用勺不停翻动，至菜心熟软，依次加入清水、盐、白糖，翻炒片刻，将菜心取出摆在盘的一侧；
4. 炒锅再置火上，加入高汤，待水开时加少许盐，倒入料酒，撒上鲜蘑，烧煮片刻，用芡汁勾芡，淋入香油，搅匀后出锅盛在菜心旁边即成。

龙泉烧香菇

寻味攻略
destination of taste
浙江龙泉

● **主料**

香菇
冬笋，切片

● **辅料**

素高汤；生抽；老抽；淀粉，兑水调成芡汁；香油

● **做法**

1. 炒锅入底油烧热，笋片入锅翻炒；
2. 锅内加入香菇、素高汤，放入生抽、老抽，大火烧开后转小火煮；
3. 当香菇煮至饱满时，用大火收汁，用芡汁勾芡起锅，淋上香油即可。

寻味攻略
destination of taste
广东

草菇绿菜花

● **主料**

绿菜花
草菇，去蒂

● **辅料**

姜，切片；料酒；高汤；盐；淀粉，兑水调成芡汁

● **做法**

1. 绿菜花去叶、根及筋，切成小瓣花朵，放入沸水锅内焯透，捞出过凉，沥干水分；
2. 草菇用开水煮过后捞出备用；
3. 炒锅放入花生油，烧热后下入姜片煸炒，加入料酒、高汤、盐，将菜花及草菇放入，翻炒2～3分钟，用芡汁勾芡，淋上热油即可。

龙须四素

● 主料

香菇，温水泡 2 小时、择去硬蒂、切片
龙须菜，切丝
上海青，切段
番茄，去籽切片
腐竹，温水泡 2 小时、热水煮熟透、切长段

● 辅料

白糖；料酒；高汤；盐；淀粉，兑水调成芡汁

● 做法

1. 锅上火倒油，烧热锅后煸炒香菇，加入白糖、料酒，待香菇烧至汁浓入味后取出待用；
2. 在炒锅中放油，烧热后将龙须菜和上海青焖至熟软，取出待用；
3. 取大平盘，四周摆番茄，里圈交叉摆龙须菜、上海青及腐竹，中心摆香菇；
4. 在炒锅内放高汤，烧开后放盐，用芡汁勾芡，然后浇淋在摆好菜的平盘上即可。

花菇玉兰片

● 主料

五花肉，切片、焯水
花菇，去蒂、切片
玉兰片，泡发、去头、切薄片

● 辅料

高汤；熟鸡油；生抽；料酒；盐；淀粉，兑水调成芡汁

● 做法

1. 焯过水的肉片加少量高汤、熟鸡油，拌匀；
2. 上蒸锅大火蒸 30 分钟；
3. 花菇片与少量高汤、熟鸡油拌匀后，大火蒸 10 分钟；
4. 生抽和料酒调汁；
5. 将玉兰片、蒸好的肉片和花菇片、调好的汁一起加入锅中，翻炒；开锅后加入高汤、盐调味；加芡汁勾芡起锅。

寻味攻略
destination of taste
云南
香格里拉

鸡汁松茸

● **主料**

松茸
高汤

● **辅料**

葱，切段；姜，切片；黄酒；冬笋，切片；熟猪油；盐；
淀粉，兑水调成芡汁

● **做法**

1. 将松茸放入清水盆内胀发至回软，捞出切片换
清水洗净待用；
2. 松茸片放入碗中加高汤、葱段、姜片、黄酒，
放入蒸锅隔水蒸 30 分钟取出，沥干水分，去掉柄
茎，汤汁留用；
3. 冬笋片入沸水锅中烫一下，去涩味，取出沥干；
4. 炒锅上火放入熟猪油烧热，放入葱段、姜片煸
香后捞出葱姜不用，加入盐、高汤、松茸汤汁烧沸，
再放入冬笋、松茸片，沸后加盖用小火焖烧 5 分钟，
旺火收汁，淋入芡汁勾薄芡，推匀起锅，装盘上
桌即可。

鲜菇烩湘莲

寻味攻略
destination of taste
福建

● **主料**

草菇，择去硬蒂
湘莲，蒸酥

● **辅料**

黄酒；生抽；白糖；盐；淀粉，兑水调成芡汁；香油；
绿叶蔬菜，用油炸熟

● **做法**

1. 炒锅上中火，放油烧至五成热，放入草菇略煸，
烹入黄酒、生抽、白糖、盐和清水；
2. 待汤水收稠至一半时，加入湘莲，用芡汁勾芡，
淋上香油出锅装入盘中，用焯熟的绿叶蔬菜围边
即成。

油鸡枞

寻味攻略
destination of taste
云南

● 主料

鸡枞，切片

● 辅料

干辣椒，切段；花椒粒；八角；葱，切丝

● 做法

1. 用干辣椒段、花椒粒、八角腌制鸡枞片，待用；
2. 将油烧至油面向四周翻动，用葱丝炝油；
3. 加入鸡枞，炸至鸡枞呈棕红色，盛出即可。

鼎湖上素

寻味攻略
destination of taste
广东肇庆

● 主料

水冬菇，切片、焯水后过凉
鲜草菇，横切一口、焯水后过凉
水口蘑，切片、焯水后过凉

● 辅料

料酒；鸡汤；盐；白糖；蚝油；水榆耳片，焯水后过凉；水黄耳片，焯水后过凉；冬笋片，焯水后过凉；胡萝卜片，焯水后过凉；水竹荪，切条、焯水后过凉；水银耳，泡发、焯水；油菜心，剖瓣；鲜莲子，去衣去心；淀粉，兑水调成芡汁；生抽；香油

● 做法

1. 锅内入底油烧热，料酒炝锅，放鸡汤、盐、白糖、蚝油，下水冬菇片、鲜草菇块、水口蘑片、水榆耳片、水黄耳片、冬笋片、胡萝卜片、水竹荪条，入味后盛出控汁，沿碗边码齐，中间填入水银耳、部分油菜心、鲜莲子；
2. 锅中加底油烧热后，放入鸡汤、料酒、生抽、蚝油、白糖，勾芡后浇入碗中并上屉蒸熟，取出后翻入盘中；剩余油菜心翻炒后码放在盘子周围；将蒸菜的原汁勾芡后浇在菜上，淋少许香油即可。

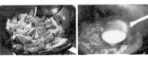

风味阿魏菇

● 主料

阿魏菇，切片、焯水

● 辅料

老抽；料酒；姜，捣成汁；淀粉；鸡蛋，打散；葱，切粒；青红椒，切粒；辣椒面；孜然粉；盐

● 做法

1. 将菇片用老抽、料酒、姜汁腌 10 分钟，然后逐片拍上淀粉，挂上鸡蛋糊；

2. 锅入底油烧热，逐个放入糊好的菇片，炸至起泡成形；

3. 待全部炸完后，再一并入锅炸一次；

4. 另起锅，入底油烧热，放入炸好的菇片，加葱粒、青红椒粒一同翻炒；加入辣椒面、孜然粉、盐，旺火翻炒至熟。

白汁鸡枞

● 主料

鸡枞，切片

● 辅料

上汤；盐；胡椒粉；蚕豆水粉；蒜，斜刀切成厚片；瘦云腿，切片；绿灯笼椒，去籽、切片；洋葱，斜刀切成厚片；鸡油

● 做法

1. 上汤、盐、胡椒粉、蚕豆水粉一起调匀、兑汁；

2. 锅内放入花生油，烧至四五成热，放入鸡枞片翻炒至八成熟，沥油待用；

3. 另起锅放入花生油，烧至八成热，下蒜片爆香，下瘦云腿片、绿灯笼椒片、洋葱片翻炒，炒匀，倒入鸡枞，换小火炒 1 分钟；

4. 浇上兑好的汁，炒匀，淋入鸡油，装盘即可。

红烧北菇

● 主料

北菇（香菇的一种），去茎、浸泡 30 分钟后沥干水分

● 辅料

姜，捣成汁；料酒；高汤；生抽；盐；白糖；淀粉，兑水调成芡汁

● 做法

1. 锅内加入植物油，小火烧至六成热，放入沥干的北菇，炸 3 分钟后捞出；

2. 另起干锅热油，加炸好的北菇，倒入姜汁、料酒爆炒；加高汤煨 5 分钟；

3. 将生抽、盐、白糖、芡汁调成稀浆，淋入锅中炒匀即成。

火夹清蒸鸡枞

● 主料

新鲜鸡枞，菌帽摘下、根部切片
宣威火腿，切片

● 辅料

盐；高汤；胡椒粉；香油

● 做法

1. 两片鸡枞中间夹一片火腿，以书形铺在扣碗内，菌帽倒放在碗底，汤碗内放入半勺盐、部分高汤，上蒸锅大火蒸熟后，将扣碗倒置放入汤碗；

2. 余下的高汤与盐、胡椒粉加热调味后倒入汤碗，淋上香油即可。

寻味攻略
destination of taste
四川

芙蓉竹荪汤

● 主料

鸡蛋，取蛋清

竹荪，温水泡发、切段

● 辅料

盐；高汤；香菜，择下嫩叶；料酒；熟鸡胸肉，切丝；熟火腿，切成丝；生鸡胸肉，切丝，用刀背砸成蓉泥、放入碗内，加清水调开

● 做法

1. 将蛋清加盐，倒入盛高汤的碗中，用筷子打匀后，用旺火蒸 5 分钟，取出后点上香菜叶，成芙蓉蛋；

2. 将锅置于火上，放入高汤、盐、料酒少许，滚开后放入鸡肉丝、火腿丝汆透捞出，倒入汤碗；

3. 将竹荪汆透，用漏勺捞出，挤干水分，倒在鸡肉丝、火腿丝上；

4. 将鸡肉蓉倒入汤锅内，用勺推动，使鸡肉蓉漂浮面上，用汤筛过滤后，汤锅离火，将肉蓉倒入汤碗内；

5. 将芙蓉蛋用手勺舀入汤碗内，即可食用。

瓜盅松茸汤

● 主料

南瓜

松茸，切片

寻味攻略
destination of taste
云南

● 辅料

高汤；豆苗，取顶部嫩叶；冬瓜，削成直径 12 毫米左右的小球状；双吊双绍鲜汤

● 做法

1. 小南瓜顶部切去小部分，作为南瓜帽，挖去籽瓤，用高汤煨好，上屉蒸 4 分钟取出放入盘中；

2. 将松茸、豆苗、冬瓜球先用高汤汆一遍，再加入双吊双绍鲜汤烧开，捞出装入蒸好的小南瓜盅内，再加入原汤即成。

02

最是家常味——畜肉

美味的筋骨肉类，对人们来说是不变的诱惑。肉的细嫩，造就了它无与伦比的包容能力，不管是调料的厚重、酱汁的鲜香，还是其他食材的味道，统统都能与它融为一体，幻化成多样的唇舌感受。各种肉类佳肴，既能让自己大饱口福，又能在大宴宾客时赢得一片啧啧称赞之声。

猪 肉

过去猪肉算是奢侈品，过年的时候才有机会尝一尝。中国有些地区，至今仍保留着过年杀年猪的习俗，以祈求来年六畜兴旺、人寿年丰。

猪通体是"宝"，几乎全身皆可食用。在中国蔚为大观的各地菜系之中，猪肉无不占有着一席之地，是我国各大菜系的主要食材来源，由它衍生出的烹、煮、炒、卤、腌、烩、熏、炸、蒸等各种做法，难以枚举。

· TIPS ·

1.猪肉是日常食用肉之一，具有补虚强身、滋阴润燥、丰肌泽肤的作用；

2.烹制时，掌握以下要点，能保证肉味的鲜美：煮过的猪肉捞出后放入冷水中稍浸，这样外冷内热，肉不易碎；腌肉的时间不少于 10 分钟，保证肉片嫩滑。

鱼香肉丝

寻味攻略
destination of taste
四川

● **主料**

猪里脊肉，切丝
水发木耳，切丝
笋，切丝

● **辅料**

盐；料酒；淀粉；蚝油；生抽；醋；白糖；豆瓣酱；葱，切葱花；姜，切末；蒜，切末

● **做法**

1.猪里脊肉丝加盐、料酒和淀粉腌制 10 分钟；
2.蚝油、生抽、醋、白糖、豆瓣酱混合调匀成调味汁备用；
3.炒锅里把油烧热，放入葱花、姜末、蒜末爆香后，加入肉丝滑炒；
4.炒至肉丝变白，加入调味汁，炒匀。再倒入笋丝和木耳丝，烹入少许水，翻炒至酱汁浓稠并均匀裹在肉丝和配料上就可以了。

水煮肉片

寻味攻略
destination of taste
四川成都

● **主料**

猪里脊肉，切薄片

● **辅料**

鸡蛋，取蛋清；料酒；淀粉；香油；豆瓣辣酱，剁碎；葱，切丝；姜，切丝；蒜，切片；盐；高汤；莴笋叶，撕片；上海青，撕片；花椒粒；辣椒面

● **做法**

1. 将猪里脊肉片用鸡蛋清、料酒、淀粉浆好，加香油抓拌均匀；
2. 将油烧热，煸炒豆瓣辣酱，炒出红油；
3. 放入葱姜丝、蒜片翻炒均匀；
4. 倒入足量清水，开锅后加盐、高汤，放入莴笋叶、上海青，烧至蔬菜断生后，将里脊肉片逐片滑入锅中，待肉片变色，起锅，倒入碗中，撒上花椒粒、辣椒面，淋明油在肉片上即可。

寻味攻略
destination of taste
四川成都

花椒肉

● **主料**

带皮五花肉

● **辅料**

姜，切片；大葱，切段；老抽；生抽；白糖；料酒；盐；高汤；花椒，擀碎；八角

● **做法**

1. 将带皮五花肉，入锅加姜片和大葱段，焯2分钟后，捞出，切片后，将老抽、生抽、白糖、料酒、盐、高汤（清水）调和成酱汁；
2. 取一只大碗，把部分花椒碎和八角均匀地铺在碗底；晾凉的五花肉切片，均匀地摆在事先铺好的花椒、八角上；
3. 把酱汁浇在摆好肉片的碗中，与肉片持平或略高过肉片；最后再撒上花椒碎，上汽后转微火，2个小时即可，这期间注意蒸锅里的水不要烧干。

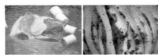

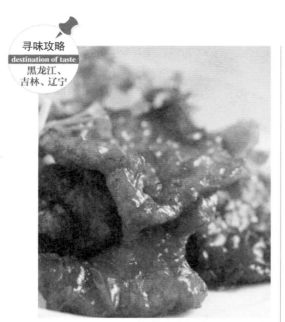

锅包肉

● 主料

猪里脊肉，切成 6 厘米长、4 厘米宽、0.4 厘米厚的片

● 辅料

盐；料酒；干淀粉；淀粉，兑水调成芡汁；生抽；白糖；醋；高汤；姜，切丝；葱，切丝；香菜，切段

● 做法

1. 猪里脊肉片加入盐、料酒腌制 10 分钟；
2. 控去腌制好的里脊肉的水分，均匀地让每片肉都裹上干淀粉，略抖动，将多余的淀粉抖落；
3. 芡汁中加入少许食用油调制成糊状；
4. 生抽、白糖、醋、高汤以及少量芡汁拌匀调成酱汁；
5. 油烧至七成热，将里脊肉片均匀蘸上芡汁糊，逐片放入油锅中炸制，外层酥黄时捞出沥油；
6. 锅内余油烧热，下姜丝、葱丝爆香，下入炸好的里脊肉片翻炒，倒入酱汁，搅拌均匀后起锅装盘，撒上香菜段即可。

过油肉

● 主料

猪里脊肉，切薄片
鲜笋，切片
木耳，撕片
黄瓜，切片

● 辅料

鸡蛋，打散；淀粉；清汤；老抽；盐；料酒；马蹄葱，切段；蒜，切片；姜，切末；陈醋

● 做法

1. 将猪里脊肉片放在小碗里加少许底油，再加半个鸡蛋和少许淀粉，抓匀上浆；
2. 另备一小碗，将小碗里盛适量清汤，加少许老抽、盐、料酒、淀粉调成酱汁；
3. 炒锅放油，待烧至七成热时，放入浆好的肉片，将肉划散，呈金黄色时捞出；
4. 锅内留底油，油热时放入马蹄葱、蒜片、姜末炝锅，再放入炸好的肉片和笋片、木耳片、黄瓜片煸炒，放入兑好的酱汁；
5. 烹陈醋，翻炒均匀，淋明油即成。

定襄蒸肉

● **主料**

猪肉，切条
淀粉

● **辅料**

葱，切末；姜，切末；蒜，切末；八角粉；花椒粉；
胡椒粉；料酒；盐

● **做法**

1.猪肉条中加入葱姜蒜末、八角粉、花椒粉、胡椒粉、料酒、盐等辅料调味，腌制 1 ～ 2 小时入味；
2.腌制好的肉中加入淀粉和清水调匀，放入容器后上蒸锅蒸，大火蒸 10 分钟转小火蒸 2 ～ 3 小时即可。

粉蒸肉

● **主料**

五花肉，切片
红薯，去皮、切大块

● **辅料**

料酒；生抽；老抽；胡椒粉；姜，切片；高汤；蒸肉
米粉

● **做法**

1.五花肉片用料酒、生抽、老抽、胡椒粉、姜片腌制 3 小时；
2.腌好后，肉片中加入高汤、蒸肉米粉拌匀，每一片肉都均匀地裹上米粉；
3.准备一只碗，将红薯块码在碗的最底层，然后均匀铺上五花肉片。碗放入蒸锅，大火烧开后，转小火再蒸 30 分钟即可。

寻味攻略
destination of taste
四川

回锅肉

● **主料**

猪肉

蒜苗，切段

● **辅料**

葱白，切段；姜，切片；料酒；盐；豆瓣酱；甜面酱；
豆豉；白糖；高汤

● **做法**

1. 冷水下肉，加入葱白段、姜片、料酒、盐，用
旺火烧沸，再改用中火煮至肉色发白，捞起晾凉，
切薄片；

2. 锅内放底油，放入煮好的白肉煸炒，待肥肉变
卷曲时铲出；

3. 将豆瓣酱和甜面酱炒香，倒入肉片上色，炒到
油色红亮时，倒入蒜苗同炒；

4. 出锅时，加豆豉、白糖、高汤调味即可。

寻味攻略
destination of taste
江西江州

● **主料**

江州水浒肉

猪瘦肉，切片

时蔬（如小青菜、小白菜等）

● **辅料**

鸡蛋，取蛋清；淀粉；盐；花椒粒；干辣椒，切段；
香葱，切末；高汤；生抽；香菜，切段

● **做法**

1. 猪瘦肉片加入蛋清与淀粉搅拌均匀，腌制15分钟；

2. 时蔬加盐焯熟，沥水放入盘底；

3. 底油烧热，放入花椒粒、干辣椒爆香后捞起；

4. 锅内余油烧热，放香葱末爆香，加高汤、生抽、盐，
肉片下锅中火翻炒至断生后，连同汤汁一起浇在
时蔬上，把花椒粒、干辣椒、香葱末和香菜段放
在肉片上，锅内入少许油烧热淋上即可。

锅巴肉片

● 主料

猪里脊肉，切片
大米饭锅巴，掰成块

● 辅料

盐；料酒；鸡蛋清、兑入淀粉调糊；生抽；醋；高汤；
白糖；淀粉、兑水调成芡汁；水发口蘑，切片、开
水烫后备用；水发玉兰片、开水烫后备用；葱，切段；
姜，切片；蒜，切片；泡椒，切象眼片；豆苗尖

● 做法

1. 猪里脊肉片用盐、料酒拌匀，挂上鸡蛋糊；
2. 生抽、醋、高汤、白糖、料酒、芡汁调成酱汁；
3. 将里脊肉片炒香后捞出，另起锅，下烫好的口
蘑片、玉兰片，放入盐、葱段、姜蒜片、泡椒片炝炒，
倒入肉片和酱汁翻炒，下豆苗尖略炒，起锅装盘；
4. 将锅巴炸酥，炸好后装盘，稍淋些沸油；
5. 两样同时上桌，将肉片倒在锅巴上即可。

寻味攻略
destination of taste
四川

酸菜氽白肉

寻味攻略
destination of taste
黑龙江、
吉林、辽宁

● 主料

五花肉
东北酸菜，切丝

● 辅料

姜；花椒粒；八角；高汤；盐；葱，切末

● 做法

1. 锅中加水烧开，五花肉下锅焯去血沫后取出，
将水倒掉；
2. 将五花肉放入锅中，加水煮至八成熟，捞出放凉，
切成薄片；
3. 把姜、花椒粒、八角放入高汤中煮开，加入酸
菜丝转中火煮 10 分钟，加入五花肉片、盐转小火
再炖制 15 分钟即可，起锅时，可撒上葱末提鲜。

百叶包肉

寻味攻略
destination of taste
浙江嘉兴

● 主料

猪五花肉，去皮，切细末
百叶，泡软、切块

● 辅料

葱，切末；姜，切末；酱油；白糖；淀粉，兑水调成芡汁；绍酒

● 做法

1. 将五花肉细末与葱末、姜末、酱油、白糖、芡汁调和均匀成肉馅；
2. 百叶块内放肉馅，像包春卷一样把肉馅包在百叶内，然后用细绳绑紧；
3. 锅内入底油烧至五成热，下百叶包略煎，再放入绍酒、酱油、白糖和少量开水，煮开约10分钟，转小火略煮即可起锅。

应山滑肉

寻味攻略
destination of taste
湖北应山

● 主料

猪肉，去皮、切成两指见方的肉块

● 辅料

盐；姜，切末；淀粉；鸡蛋，打散；高汤；生抽；小葱，切末；胡椒粉

● 做法

1. 猪肉块中加入盐、姜末、淀粉拌匀，然后加入打散的鸡蛋搅拌；
2. 锅内入底油烧热，猪肉块下锅滑散，炸至金黄色时捞起沥油，放入碗中备用；
3. 将肉块放入蒸锅，大火蒸制1小时取出扣入汤盘；
4. 适量高汤入锅，加入生抽烧开，离火勾芡，淋在肉块上，撒上葱末和胡椒粉即成。

寻味攻略
destination of taste
陕西商洛

烧肉藏珠

● 主料

猪腿肉，切块

● 辅料

葱，切末；板栗，去壳、对半切开；老抽；盐

● 做法

1.锅内入底油烧热，放入葱末爆香；

2.放入猪腿肉略炒，再加入板栗翻炒；

3.放老抽和盐调色调味，加适量清水，转小火炖煮
至猪肉熟透即可。

商芝肉

● 主料

整块猪五花肉
商芝，取嫩茎切段

● 辅料

蜂蜜；醋；生抽；盐；猪油；绍酒；葱，部分切段、部分
切片；姜，切片；鸡蛋；鸡汤；八角；老抽；香油

● 做法

1. 将整块五花肉煮至六成熟时捞起，抹上蜂蜜和
醋，肉汤备用，五花肉肉皮朝下入锅炸，炸至猪
皮金黄时捞出并放入肉汤中浸泡 10 分钟，捞出后
切成厚片，皮朝下码入蒸碗中；

2. 商芝入沸水烫软，与生抽、盐、猪油拌匀，盖
在肉片上，将生抽、盐、绍酒、鸡汤调成酱汁，
倒入蒸碗中，再放入姜片、葱段和八角，旺火蒸
30 分钟后转小火蒸 1 小时，拣出葱姜和八角，倒
出汤汁。鸡蛋摊成蛋饼后切成菱形片，锅内加鸡
汤和少许老抽烧沸，加入葱片和姜片以及鸡蛋片，
略翻炒浇入蒸碗，淋上香油即可。

寻味攻略
destination of taste
广东

镇江肴肉

● **主料**

猪膀，前蹄用刀踢去骨，后蹄抽去蹄筋，用铁签在瘦肉上戳一些小孔

● **辅料**

硝粉；盐；料酒；葱，切小段；姜，切片；八角；花椒粒；醋

● **做法**

1. 将猪蹄膀皮朝下平放在案板上，用刀背拍松；

2. 将硝粉和盐按照1：10的比例混合，均匀撒在蹄膀上，然后放入盆中加料酒、葱段、姜片、八角、花椒粒腌制，腌好后浸入冷水中8小时以除涩味，捞出用清水冲洗干净；

3. 将猪蹄膀皮朝下放入开水锅中小火微沸煮约1.5小时，然后上下翻转蹄膀再煮3小时，九成烂时滗出原汤，猪蹄膀捞出备用；

4. 另起一锅，倒入原汤，添清水烧沸，撇去浮油浮末后放入蹄膀，使其肉汤没过肉面，盖上碟子，碟子上放重物压实蹄膀肉，冷却凝冻后切片即可。

烤猪方

● **主料**

带骨五花肉，去掉软肋、修成正方形

● **辅料**

洋葱，切片；胡萝卜，切块；芹菜，切段；香叶；盐；料酒；鸡蛋，打散、调成蛋液；面粉；高汤；黄瓜，切条；葱，切段；甜面酱；荷叶饼

● **做法**

1. 锅内加清水烧沸，下入洋葱片、胡萝卜块、芹菜段、香叶，然后用盐、料酒调味，再放入五花肉方，大火烧开后改用中火煮至七成熟，取出晾凉；

2. 把鸡蛋液、面粉搅拌均匀，调成蛋糊；

3. 用刀片去五花肉方的肉皮和部分肥膘，抹上蛋糊，然后放入加了高汤的烤盘中，入烤箱烤制，待皮面呈金黄色时取出；

4. 将烤好的五花肉方切长方片，码入盘内，随黄瓜条、葱段、甜面酱、荷叶饼一起上桌。

寻味攻略
destination of taste
福建福州

荔枝肉

● 主料

猪肉，切大片、刴斜十字花刀

● 辅料

荸荠，切小块；淀粉，兑水调成芡汁；红糟，切碎；盐；醋；白糖；高汤；生抽；上汤；蒜，切末；葱白，切马蹄状

● 做法

1. 将肉片与荸荠块一起用部分芡汁和红糟碎抓匀，待用；
2. 用盐、醋、白糖、高汤、生抽、上汤、剩余芡汁调卤汁待用；
3. 用肉片把荸荠块包起来，包成一个个小肉团，摆放在盘内；
4. 锅内入底油，烧热，下入小肉团炸熟，待肉片卷成荔枝状时，盛出、沥油；
5. 锅中余油，用蒜末、葱白爆香，倒入卤汁烧沸；
6. 再次放入肉团翻炒至熟。

元宝肉

寻味攻略
destination of taste
北京

● 主料

五花肉，切块、焯熟

● 辅料

鸡蛋，煮熟、去壳备用；白糖；料酒；老抽；鸡汤；葱，切段；姜，切丝；蒜，切片；调料包（八角、桂皮、肉桂、肉蔻）；淀粉，兑水调成芡汁

● 做法

1. 将油烧至油面向四周翻动，放入鸡蛋，炸成金黄色盛出备用；
2. 原锅放入五花肉煸炒变色，倒出备用；
3. 另起锅，锅内入底油烧热，倒入白糖，炒至棕红色、冒泡；
4. 放入五花肉快速翻炒，使其均匀上色；加料酒、老抽，继续翻炒；
5. 倒入鸡汤，加葱段、姜丝、蒜片、调料包焖煮；
6. 烧开后放入炸好的鸡蛋，煮熟；
7. 大火收汁，加芡汁勾芡，撒葱段出锅。

莴笋炒火腿

寻味攻略
destination of taste
云南大理
诺邓山区

● 主料

莴笋，切片
诺邓火腿，切片

● 辅料

蒜，切片；姜，切丝；红椒，切片；盐；生抽；白糖

● 做法

1. 锅内倒入底油烧热，放入蒜片、姜丝爆香，放入红椒、火腿片，翻炒至变色；
2. 放入莴笋片，倒入盐、生抽和白糖，将莴笋炒熟，即可出锅装盘。

霉干菜烧肉

寻味攻略
destination of taste
上海

● 主料

霉干菜，泡发
五花肉，切块

● 辅料

八角；冰糖；干辣椒；小葱，切段；姜，切片；黄酒；酱油；盐

● 做法

1. 五花肉凉水下锅，大火烧开煮5分钟后捞出；
2. 另起一锅，锅中加底油煸香八角，然后加入冰糖炒至冰糖熔化呈浅琥珀色为止；
3. 再下入五花肉块进行煸炒，把肉煸透呈金黄色后下入干辣椒、葱段、姜片煸炒；
4. 待葱姜辣椒煸出香味后下入霉干菜煸炒，把霉干菜炒至干香后，烹入黄酒炒匀，然后放入酱油炒匀，注入开水，盖上锅盖焖制40分钟；
5. 撒少许盐，汤汁收净后便可出锅。

藜蒿腊肉

寻味攻略
destination of taste
江西南昌

● 主料

腊肉，切片
藜蒿，去根切段

● 辅料

干辣椒；盐

● 做法

1. 炒锅置火上，烧热，将切好的腊肉放入锅内，煎至肉色金黄时铲出；
2. 锅内留底油，将藜蒿放油锅里炒，加干辣椒、盐爆炒；
3. 放炒好的腊肉，在藜蒿颜色碧青时起锅即可。

萝卜干炒腊肉

寻味攻略
destination of taste
湖南

● 主料

腊肉，切片
萝卜干，泡发，切丝

● 辅料

红辣椒根，切末；小葱，切段；姜，切末；蒜，切末；黄酒；生抽；盐

● 做法

1. 将铁锅置火上，油烧热，放入葱段、姜蒜末，煸香，再放入辣椒，爆香；
2. 倒入腊肉略炒，待腊肉微微出油时，倒入萝卜干，转成大火爆炒；
3. 约5分钟后，调入少许黄酒、生抽，加适量清水盖上锅盖焖一会儿；
4. 待水快焖干时，加入盐调味，起锅装盘即可上桌。

折耳根炒腊肉

● 主料

肥瘦相间的腊肉
折耳根根茎，去掉根须、择成小段

● 辅料

干辣椒，切段；蒜苗，切段；蒜，切片；盐；老抽

● 做法

1. 腊肉用蒸锅大火蒸 15 分钟，晾凉后切片；
2. 锅内入底油烧热，加入腊肉片，翻炒至肉略微卷起，肥肉略显透明时盛出；
3. 用锅中余油中火煸炒干辣椒段、蒜苗段、蒜片出香味，加入折耳根段略翻炒，炒好的腊肉片入锅，加盐和老抽调味上色起锅即可。

泡菜肉末

● 主料

猪五花肉，切末

● 辅料

芹菜，切段；干辣椒，剁碎；姜，拍裂；蒜，拍裂；花椒粒；白酒；白醋；盐；卷心菜，剥片；胡萝卜，切片；小黄瓜，切片；白糖；葱，切末；淀粉，兑水调成芡汁

● 做法

1. 将芹菜段、干辣椒碎、姜、蒜、花椒粒，制成调料包；
2. 在容器中依次放入白酒、白醋、盐、冷开水，放入调料包，盖盖发酵 4 天，将卷心菜片、胡萝卜片、小黄瓜片放入发酵好的料汁中，浸泡 8 小时；
3. 锅内入底油烧热，将五花肉末炒熟，加入白醋、白糖、葱末、干辣椒碎翻炒，下泡菜拌炒，用芡汁勾芡收汁，炒匀即可。

雪菜毛豆肉末炒笋丝

寻味攻略
destination of taste
浙江

● 主料

猪肉，切丝
雪菜
笋尖，切丝
毛豆

● 辅料

料酒；淀粉；盐；糖；干辣椒；香油

● 做法

1. 将猪肉丝加少许料酒、淀粉和盐抓拌，放置约半小时；
2. 热锅放进猪肉丝滑炒，颜色变白后捞出；
3. 再热油，加入雪菜、笋丝和毛豆，放糖和干辣椒翻炒，如果太干可以适量加点水，加入滑炒后的猪肉丝，炒匀即可；关火后淋上香油，拌匀出锅。

腌笃鲜

寻味攻略
destination of taste
浙江遂昌

● 主料

咸猪肉，切块
笋，切块

● 辅料

小葱，切段；高汤；料酒；盐

● 做法

1. 炒锅置旺火上烧热，倒入底油，入葱段煸香；
2. 放入咸猪肉、笋一起煸炒，让笋均匀沾满底油；
3. 炒过的食材倒入砂锅，入高汤没过笋，加料酒、盐、等调味，用大火烧开，转小火慢炖1小时；
4. 撇尽浮沫，即可上桌。

河套红扒猪肉条

● **主料**

猪五花肉，煮至八分熟

● **辅料**

盐;老抽;高汤;八角;葱,切丝;姜,切丝;蒜,切丝;
淀粉,兑水调成芡汁

● **做法**

1. 锅内入底油，烧至九成热，将处理好的五花肉肉皮朝下入锅油炸，炸至金黄色捞出;
2. 把炸好的猪肉切条，皮朝下码入碗中，碎肉放在上面;
3. 放入盐、老抽、高汤、八角、葱姜蒜丝，上屉蒸烂;
4. 剔除八角、葱姜蒜，滗出汤汁放好，将肉条扣入盘中;
5. 蒸肉的原汤倒入锅内烧开，用芡汁勾芡收汁，浇在肉条上即可。

酱汁肉

● **主料**

猪肋条肉，切块
猪肘肉，切块
猪蹄

● **辅料**

料酒;大葱,切段;姜,切片;盐;冰糖;白砂糖

● **做法**

1. 将肋条肉、猪肘肉、猪蹄放入锅内，加水没过主料，用旺火烧沸几分钟后，撇去浮沫，捞出主料，加盐调汤;
2. 另起一蒸锅放入蒸垫垫底，逐层放入猪蹄、猪肘、肉块（肉皮朝上），倒入汤汁，加入料酒、葱段、姜片、冰糖、白砂糖，待卤汁收稠时，让锅离火;
3. 取出酱汁肉块，皮朝上放在大盘中即可。

毛氏红烧肉

● 主料

猪五花肉

● 辅料

蒜，切末；干辣椒，切段；盐；老抽；高汤

● 做法

1. 猪五花肉整块冷水入锅，撇去血沫，水开后煮5分钟起锅，略凉后，切成两指见方的肉块；
2. 锅内入底油烧热，把蒜末、辣椒段爆香，下肉块翻炒；
3. 加入盐调味，用老抽上色，略翻炒后加入高汤烧开，转小火炖煮1个小时即可。

蜜汁火方

● 主料

金华火腿上方

● 辅料

冰糖；莲子；蜜枣；蜂蜜；糖桂花；淀粉，兑水调成芡汁；松子仁

● 做法

1. 将金华火腿上方部位用刀剞成小方块；
2. 将火腿皮朝下放盘中，加水没过肉块，入蒸锅蒸约2小时，倒出卤汁，继续加部分冰糖、清水，蒸约1小时，倒掉卤汁，放入莲子、蜜枣和剩余冰糖，蒸30分钟，倒掉卤汁；
3. 将卤汁倒入锅内，加蜂蜜烧沸，加入芡汁，放入糖桂花，待黏稠时舀出，浇在火腿块上撒上松子仁即成。

荔浦芋扣肉

● 主料

猪五花肉
荔浦芋头

● 辅料

盐；蜂蜜；生抽；白糖；腐乳；胡椒粉；蒜，切片

● 做法

1. 猪五花肉洗净，入沸水锅中煮熟，捞出沥干水分；
2. 在五花肉皮上扎刺密孔，将盐和蜂蜜涂抹在五花肉皮上，入锅炸至金黄时取出，放入温水中稍浸，切成8厘米长、6厘米宽的厚肉片，用盐、生抽、白糖、腐乳、胡椒粉拌匀稍腌入味；
3. 荔浦芋头切片，炸至金黄色备用；
4. 将芋头片逐一夹在五花肉片之间，撒上蒜片，上笼蒸至肉酥时拣去蒜片，反扣在盘中即成。

奶汤核桃肉

● 主料

猪肉（后臀尖），切3厘米见方块，再改花刀

● 辅料

淀粉，兑水调成芡汁；鸡蛋，取蛋清；盐；上海青，取菜心、对半切开；干香菇，温水泡发、对半切开；冬笋，切片；火腿，切片；葱，切段；姜，打汁；奶汤；香葱，切末；料酒；花椒

● 做法

1. 猪肉块中放入淀粉、蛋清、盐搅拌均匀；
2. 将菜心、香菇、冬笋片、火腿片焯水后备用；
3. 锅内入清水烧开，放入猪肉块，煮开后捞起备用；
4. 猪肉块中加入葱段、姜汁、奶汤和盐，蒸至熟透，取出放入容器中，汤汁放置备用（拣出葱段）；
5. 底油烧热，倒入汤汁、盐、姜汁、香葱末、料酒、花椒，用芡汁大火勾芡，淋在肉上即可。

寻味攻略
destination of taste
广东广州

叉烧

● **主料**

猪前腿肉（梅花肉），切成大片

● **辅料**

白糖；盐；白酒；红葱头；陈皮，切末；生抽；老抽；
甜面酱；鸡蛋，打散搅匀；麦芽糖

● **做法**

1. 将白糖、盐、白酒、红葱头、陈皮末、生抽、老抽、
甜面酱、蛋液混合在一起，搅拌均匀调制成腌肉汁；
2. 片好的猪前腿肉放入腌肉汁，腌渍 40 分钟；
3. 用家用的烤箱叉子把肉串起来，放进 270℃ 的
烤箱，烤制约 20 分钟；
4. 当肉表面变色时，取出肉串，刷上麦芽糖，再
放入烤炉，当肉充分吸收了麦芽糖后，再取出；
5. 食用时，再刷上一层麦芽糖即可。

烧白

● **主料**

五花肉，切大块
宜宾芽菜

寻味攻略
destination of taste
四川、重庆

● **辅料**

生抽；老抽；糖；盐；花椒粒

● **做法**

1. 五花肉块入冷水锅煮约 20 分钟，捞起略放凉；
2. 生抽、老抽、糖、盐均匀涂抹于五花肉皮；
3. 锅内放少量油烧至五成热，将肉皮一侧放入油
中略炸后捞起放入煮肉的汤汁中；
4. 肉皮舒展以后，切片，每一片都放入适才调好
的酱汁中略浸泡，肉皮贴碗底依次紧凑摆放；
5. 将花椒粒和芽菜略炒干，盛出压实在肉上，上
蒸锅约蒸两个半小时，取出倒扣入盘即可。

寻味攻略
destination of taste
江苏扬州

寻味攻略
destination of taste
江苏扬州

扬州狮子头

● 主料

精瘦肉，剁成蓉
精肥肉，剁成蓉

● 辅料

葱、姜拍碎后调成葱姜水；鸡蛋，打散；白酒；盐；
胡椒粉；淀粉，兑水调成芡汁；生抽；白糖；香醋；
荸荠，剁成蓉；大白菜，切块

● 做法

1. 将瘦肉蓉与肥肉蓉按照 7∶3 的比例混合在一起
剁匀后，加入葱姜水；
2. 将鸡蛋液倒入肉蓉中，加入适量白酒、盐、胡
椒粉、芡汁、生抽、白糖，用勺倒入香醋，用筷
子按一个方向搅拌均匀；
3. 将荸荠蓉拌入肉馅，往一个方向用力搅至上劲，
将肉馅团成大肉球，炸至外皮微黄时盛出；
4. 将白菜块放入砂锅，加入热水没过肉球，加入盐、
生抽、白糖、香醋；小火慢炖 2 个小时即可。

四喜丸子

● 主料

猪肉，剁馅

● 辅料

葱，一半切末、一半切段；姜，一半切末、一半切片；
老抽；盐；淀粉，部分兑水调成芡汁；馒头，切小丁；
胡椒粉；花椒粒；八角；桂皮；白糖

● 做法

1. 将葱姜末、老抽、盐、淀粉加入猪肉馅中，沿
同一个方向搅拌；
2. 加入馒头丁、胡椒粉，继续搅拌；
3. 将肉馅团成圆形丸子；
4. 将丸子放入热油中，炸至金黄色，盛出，沥油；
5. 锅中留部分底油，放入葱段、姜片、花椒粒、八角、
桂皮，爆锅，倒入清水，烧开；
6. 加入丸子、老抽、盐、白糖，小火慢炖；
7. 盛出丸子，锅中汤水加芡汁勾芡；
8. 将汁液均匀淋在丸子上即成。

甜不辣

寻味攻略
destination of taste
台湾

● **主料**

鱼肉
虾肉
猪肉

● **辅料**

淀粉；鱼丸；虾饺；萝卜；鲜鱼高汤；米粉；生抽；
白糖；盐；梅子粉

● **做法**

1. 将鱼肉、虾肉混合打成浆，加入淀粉、猪肉，
将肉料搓成条状炸至金黄；
2. 将炸好的肉条、鱼丸、虾饺、萝卜一起放进鲜
鱼高汤中煮熟；
3. 将米粉、生抽、白糖、盐、梅子粉加水放在碗
中调匀，倒入锅中煮开，即为甜酱；
4. 将煮好的材料盛到碗中，淋上甜酱即可食用，
鲜鱼高汤也可加甜酱一起饮用。

寻味攻略
destination of taste
上海

滚龙丝瓜

● **主料**

丝瓜，切段、刵成兰花形
蘑菇，切片

● **辅料**

盐；高汤；淀粉，兑水调成芡汁；香油

● **做法**

1. 炒锅中放油，烧至油面开始涌动时，下丝瓜滑油；
2. 热锅留底油，加入蘑菇片煸炒，加清水烧滚后
投入丝瓜，加盐、高汤烧至入味；
3. 将丝瓜、蘑菇捞出，装入盘内；锅里卤汁用芡汁
勾薄芡，淋香油，将芡汁浇在丝瓜上面即成。

蚂蚁上树

● 主料

猪肉，剁成馅
粉丝，温水泡软

● 辅料

葱，部分切末、部分切葱花；姜，切末；豆瓣辣酱；
高汤；生抽；盐；芹菜，切末

● 做法

1. 锅内放入底油烧热，放入葱姜末炒香，倒入猪
肉馅、豆瓣辣酱炒匀；
2. 加入高汤、生抽、盐，待汤汁翻滚时加入泡软
的粉丝；
3. 粉丝煮至透明，撒上芹菜末、葱花拌匀，装盘
即可。

红三剁

● 主料

猪里脊肉，切末
青辣椒，去囊、切丁
番茄，去皮、除芯去囊、切丁

● 辅料

姜，切末；盐；淀粉；生抽；葱，切丝

● 做法

1. 猪里脊肉末和姜末混合，加入盐、淀粉、生抽
和油，顺着一个方向搅拌均匀，腌制10分钟；
2. 锅内倒入底油烧热，下入腌好的肉末煸炒；
3. 待肉末煸炒变色后加入青辣椒丁，翻炒几下后
下入番茄丁一起翻炒；
4. 翻炒至番茄出汁后，加盐和葱丝，转小火焖3
分钟即可出锅装盘。

文山肉丁

寻味攻略
destination of taste
江西吉安

● **主料**

猪里脊肉，去掉筋膜、用刀拍松、切丁
冬笋，切丁

● **辅料**

盐；鸡蛋，取蛋清；淀粉，兑水调成芡汁；熟猪油；
干辣椒，切段；高汤；生抽；料酒；白糖；醋；葱，
切葱花；香油

● **做法**

1. 把里脊肉丁放在碗中，加入盐和鸡蛋清，用手
抓匀后放入部分芡汁中拌匀；
2. 将拌好的肉丁倒入滚热的油锅中用铲子搅散，
待肉转色后捞出；
3. 把锅放在旺火上，用少许熟猪油将切好的干辣
椒和笋丁炒一下，再倒入高汤，加入生抽、料酒、
白糖、醋，并倒入剩余芡汁勾芡；
4. 撒上葱花，搅动均匀，淋上几滴香油即可。

炒合菜

寻味攻略
destination of taste
北京

● **主料**

猪肉，切丝
豆芽
韭菜，切段

● **辅料**

葱，切丝；姜，切丝；蒜，切片；料酒；盐；老抽；粉丝，
泡软；鸡蛋，打散；香油；高汤；醋

● **做法**

1. 用热油将猪肉煸炒变色，拨到锅的一边；
2. 放入葱姜丝、蒜片炒香；
3. 放入豆芽，加料酒、盐，翻炒；
4. 加老抽，加适量清水，放入韭菜炒匀；
5. 放入粉丝继续翻炒，倒入鸡蛋液炒至两面金黄，
加香油、高汤、顺锅边倒醋，出锅。

蒜泥白肉

● 主料

猪腿肉

● 辅料

葱，切段；姜，切片；蒜，春蓉；辣椒油；盐；酱油；香油

● 做法

1.锅内入水烧开，放入猪腿肉，然后放入葱段，姜片，煮至皮软肉熟为宜，关火；
2.肉在汤汁中浸泡约20分钟后捞起，沥干水分，切大薄片平铺在容器中；
3.用蒜蓉、辣椒油、盐、酱油、香油调汁；
4.把调好的汁淋在肉片上，拌匀即可。

皮冻

● 主料

猪肉皮，浸泡两小时后，用温水清洗干净

● 辅料

花椒粒；八角；盐

● 做法

1. 肉皮放到案板上，把上面的油刮掉；
2. 锅里添水放入肉皮，待水沸腾后再煮10分钟，捞出煮过的肉皮放到温水里洗一下，再放到案板上把肉皮上的油刮掉；
3. 再次将肉皮放入沸水中煮10分钟，捞出肉皮同样放到温水里洗，再次充分清理干净；
4. 将洗好的肉皮切成细丝，放到锅中，加入肉皮五倍量的水，投入用纱布包裹的花椒粒、八角，加盐调味，烧开后，撇干净表面的浮沫，转小火煮1小时左右，倒出冷却凝固后即可切块装盘。

寻味攻略
destination of taste
浙江绍兴

腊肠

● 主料

猪瘦肉，切丁
猪肥肉，切丁
肠衣

● 辅料

白砂糖；料酒；老抽；高度白酒；盐；五香粉

● 做法

1. 将肉丁加入白砂糖、料酒、老抽、高度白酒拌匀，
盖上保鲜膜腌制 24 小时入味，肠衣在温水中浸泡
5 小时以上，清水冲洗肠衣内侧；
2. 剪下一个可乐瓶的瓶口，把肠衣套在上面，肠
衣的另一头打一个结，把腌好的肉慢慢地塞进肠
衣里，边塞边把肉往下赶，肠衣灌满后，用绳子
在一定距离处系一下，灌好的香肠放于阴凉通风
处风干（一般 4 ～ 7 天即可），晾好后放入保鲜袋
中入冰箱冷冻室保存即可，食用时蒸熟即可。

大骨棒

● 主料

猪棒骨，敲断

● 辅料

葱，切段；姜，切片；蒜，切片；花椒粒；八角；盐

● 做法

1. 棒骨用沸水焯烫，撇去浮沫，盛出待用；
2. 焯过棒骨的汤汁滤净浮沫、备用；
3. 葱段、姜蒜片爆锅，放入花椒粒、八角，炸出香味；
4. 倒入滤净的汤汁，将猪棒骨大头向下整齐放入，
放盐，小火慢炖 20 分钟；
5. 待汤汁变为白色，盛出棒骨，放凉即可食用。

寻味攻略
destination of taste
辽宁沈阳

排骨炖豆角

● 主料

排骨，凉水浸泡 1 小时、剁成段
豆角，切段

● 辅料

葱，切段；姜，切末；蒜，切末；老抽

● 做法

1. 排骨与凉水一起下锅加热，待排骨六分熟左右
时捞出；
2. 另起锅放入底油，用小火加热，放葱段、姜蒜末
爆锅，放入豆角翻炒；
3. 炒到豆角呈翠绿色时，加焯好的排骨，翻炒到
出香味，加少许老抽均匀上色；
4. 倒入热水，没过食物，开大火炖 20 分钟即可。

无锡酱排骨

● 主料

猪小排，切段

● 辅料

姜；料酒；生抽；老抽；红糖；八角；葱，切段；桂皮；盐

● 做法

1. 锅中加水，放姜片，加料酒，水开后把猪小排
焯去血沫，捞出备用；
2. 生抽、老抽、红糖搅拌成料汁备用；
3. 油锅加热，放入八角炸香，放入葱段和剩余姜
片，放入排骨，炒至两面金黄，加入开水没过排骨，
倒入料汁，加入桂皮，水开后，改小火炖 35 分钟；
4. 大火收汁，撒盐，即可出锅。

糖醋小排

- **主料**

猪小排，切块

- **辅料**

生抽；糖；黄酒；盐；醋

- **做法**

1. 将猪小排块放入干净容器，加入生抽、糖、黄酒搅拌均匀；

2. 将调好的猪小排块倒入油锅中炸 4 分钟，入锅时要掌握少量多次的原则，入锅后用漏勺搅动；

3. 将炸好的猪小排倒入锅内，加入生抽、黄酒、盐、醋，加少量水，用大火烧沸后，用铲刀上下翻炒约 30 分钟，加入糖，再用大火烧 10 分钟，使糖溶化，透入肉内，出锅装盘即可。

莲藕炖排骨

- **主料**

莲藕，去皮切块
肉厚的猪胸骨，剁成小块

- **辅料**

姜，切片；盐

- **做法**

1. 锅中倒入水，大火加热至沸腾后，放入猪胸骨焯烫 3 分钟，捞出用清水冲去表面的浮沫；

2. 将猪胸骨放入砂锅，加水没过猪胸骨；

3. 大火加热烧开，撇去浮沫，放入姜片，盖上盖子，转小火煨 1 小时；

4. 放入莲藕块儿，猛火烧开，再转小火煨半小时，加盐即可食用。

菠萝排骨

● **主料**

排骨，切块
菠萝，切条

● **辅料**

红酒；辣椒，切丁；大葱，切葱花；番茄沙司，加
油略炒；盐

● **做法**

1. 将排骨块加入红酒腌制15分钟；

2. 在锅里放底油，等到油面起烟，下入辣椒丁、
葱花爆香，再下入排骨；

3. 炸至排骨表皮金黄时放入菠萝和炒过的番茄沙
司，再撒盐出锅。

肉焖子

● **主料**

粉条
鸡蛋

● **辅料**

姜，切末；葱，切末；肉蓉；盐；胡椒粉；料酒；十三香；
白糖；淀粉，加水调成芡汁；猪油

● **做法**

1. 将粉条用温水泡软，再入沸水锅中煮至胀透后
捞出，沥干水分，葱姜末用色拉油爆香，加入肉
蓉炒熟后铲出；

2. 将沥干后的粉条放入盆中，磕入鸡蛋，用盐、
胡椒粉、料酒、十三香、白糖调好味，再加入炒
好的肉蓉及芡汁搅拌均匀；

3. 倒入抹有猪油的平底盘中铺平，上笼蒸约半小
时，取出晾凉即成。

丁香肘子

寻味攻略
destination of taste
宁夏银川

● 主料

猪肘，火燎褪毛、刮净

● 辅料

白糖；盐；葱，切段；姜，切块；丁香；老抽；料酒；淀粉，兑水调成芡汁；高汤；香油

● 做法

1. 锅内入底油小火加热，加入白糖不停地搅动，让糖逐渐溶解在油中，捞出糖色；
2. 将猪肘放进水锅，煮至变色盛出；
3. 去骨，擦干水分后，肉皮向下，在肘子里面均匀划出象眼块，不要划破肉皮；
4. 肉皮上均匀抹上糖色；肉皮朝上，装在蒸碗内；撒盐，放葱段、姜块、丁香，倒入老抽、料酒、清水，上笼蒸至烂熟；
5. 拣去调料，将肘子倒扣在汤盘上；
6. 加芡汁勾芡，调高汤、香油，均匀地浇在肘子上。

扒肘子

寻味攻略
destination of taste
山东

● 主料

猪肘子，在猪肉处切约 2 厘米深的十字花刀

● 辅料

葱，切段；姜，切片；八角；料酒；生抽；老抽；盐；冰糖；淀粉，兑水调成芡汁；香油

● 做法

1. 锅内入适量水烧开，放入葱段、姜片、八角、料酒、生抽、老抽略煮，水以能没过猪肘子为宜；
2. 猪肘子入锅，持续大火 10 分钟，不断撇去浮沫；
3. 转小火炖煮至筷子可以扎透时捞起，原汤除去浮沫备用；
4. 猪肘子皮朝下放入容器，放入盐、冰糖，加入少许原汤，上蒸锅蒸至软烂即可；
5. 蒸好的猪肘子放入大盘（肘子皮朝上），适量原汤入锅烧开，用芡汁勾芡淋在猪肘子上，再浇点香油即可食用。

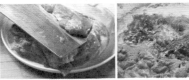

冰糖炖蹄花

● **主料**

猪蹄，一剖两半、斩掉爪筋后切小段（注意保持骨断肉连）

● **辅料**

葱，切段；姜，切片；生抽；料酒；八角；高汤；冰糖；盐

● **做法**

1. 将切好的猪蹄段投入沸水锅中焯 5 分钟，捞出备用；
2. 将锅置于中火上，油烧至七成热，放入葱段、姜片煸炒出香味，加入焯好的猪蹄段、生抽、料酒、八角，倒入高汤，加冰糖、盐调味，烧沸后撇净浮沫；
3. 用小火炖至猪蹄熟烂，然后拣出葱段、姜片和八角不用，猪蹄摆盘即可。

糟猪蹄

● **主料**

猪蹄，去毛

● **辅料**

盐；糖；花椒粒；桂皮；茴香；酒糟；黄酒；葱，切末；姜，切片

● **做法**

1. 在水中加入盐、糖、花椒粒、桂皮、茴香，焖烧几分钟即成汤汁，然后将酒糟和黄酒加入汤汁调匀，用布袋滤去渣，剩下的便成糟卤；
2. 猪蹄入锅加清水、葱末、姜片，用大火烧开，撇去浮沫，加黄酒，小火焖煮一个半小时后，取出放入冷开水中凉透，再竖斩成两爿；
3. 熟猪蹄放入有盖容器，倒入糟卤浸没，盖上盖后放入冰箱，4 小时后取出，切成小块食用即可。

寻味攻略
destination of taste
山东济南

九转肥肠

● 主料

猪大肠

● 辅料

葱，部分切末、部分切段；姜，部分切末、部分切片；香油；白糖；醋；老抽；清汤；盐；绍酒；胡椒面；肉桂面；砂仁面；花椒油；香菜，切末

● 做法

1. 将猪大肠放入开水锅中，加葱段、姜片焖烧熟，捞出后切段，再放入沸水锅中焯过，捞出沥干；
2. 将大肠炸至金色时捞出备用；
3. 炒锅内倒入香油烧热，放入少许白糖用微火炒至深红色，把熟大肠倒入锅中，颠转锅，使之上色；
4. 锅内烹醋，加老抽、白糖、清汤、盐、绍酒、姜末炒和，转小火收汁，放胡椒面、肉桂面、砂仁面，淋花椒油，盛入盘内，撒上香菜末即成。

火爆腰花

● 主料

猪腰子，片去腰臊、打麦穗花刀、切成菱形长条
胡萝卜，切片
黑木耳，泡发、撕块

● 辅料

淀粉；生抽；醋；料酒；葱，切葱花；蒜，切片

● 做法

1. 将打好花刀的腰子用油和淀粉抓匀，静置5分钟；
2. 将生抽、醋、淀粉、料酒放入碗中，调匀成芡汁；
3. 锅内倒油，旺火烧至油面起烟，倒入腰花滑油至卷缩成麦穗状迅速捞出，控油待用；
4. 锅内留底油，将葱花、蒜片煸香，依次加入胡萝卜、黑木耳翻炒；
5. 锅中加入腰花，迅速倒入芡汁颠翻三次，出锅即可。

寻味攻略
destination of taste
四川

毛血旺

● **主料**

鸭血，切块
黄豆芽，去根

● **辅料**

火锅底料；鳝鱼，切片；猪肉，切片；干黄花菜，泡软；
木耳，温水泡发 2 小时、撕成小朵；莴笋，去皮切条；
葱，切段；盐；干辣椒；花椒粒

● **做法**

1. 将鸭血用滚水焯一下；
2. 锅内入底油烧热，转中火放入火锅底料炒出香
味，加水转大火烧开；
3. 锅内放入鸭血块、鳝鱼片、猪肉片、黄豆芽、
黄花菜、木耳、莴笋条、葱段，加入盐调味，煮
至食材断生即可连汤汁一起装入容器中；
4. 锅内入底油烧热将干辣椒、花椒粒爆香，淋在
毛血旺上即成。

炒肝

● **主料**

猪大肠，切段
猪肝，切片

● **辅料**

八角；蒜，部分切末、部分捣成泥；黄豆酱；高汤；葱，
切末；姜，切末；蘑菇汤；淀粉，兑水调成芡汁

● **做法**

1. 锅内入底油烧热，下八角翻炒出香味捞起，然
后放入蒜末，变色后加入黄豆酱，翻炒均匀，起
锅备用；
2. 高汤烧开，放入猪大肠段略煮，再加入炒制的
黄豆酱、葱姜末以及蘑菇汤；
3. 烧开后加入猪肝片，倒入芡汁勾芡，搅匀起锅即可。

油爆双脆

● 主料

猪腰子（片去腰臊、打麦穗花刀、切成菱形长条）
猪肚，切条

● 辅料

淀粉，兑水调成芡汁；生抽；老抽；白糖；米醋；香
油；葱，切段；蒜瓣；青椒；红椒

● 做法

1. 将打好花刀的腰子，用油和淀粉拌匀，静置5分钟；
2. 锅内入底油烧热，猪肚下锅过油后捞起，再将
腰花滑油至卷缩成麦穗状，迅速捞起沥油；
3. 将生抽、老抽、白糖、米醋、香油、芡汁勾芡
混合在一起匀成调味汁；
4. 锅内余油烧热，放葱段、蒜瓣爆香，放入调味汁，
下猪肚、腰花、青红椒翻炒起锅即可。

寻味攻略
destination of taste
山东

夫妻肺片

● 主料

鲜牛肉，切块

● 辅料

牛杂；调料包（花椒粒、肉桂、八角）；白酒；盐；
高汤；辣椒油；生抽；花椒面；花生碎；芝麻

● 做法

1. 牛肉块与牛杂一起放入锅内，加入淹过牛肉的
清水，大火烧沸，至肉断生，倒去汤水，放入调料包、
白酒和盐，加清水大火烧约30分钟，改用小火烧
1.5小时，煮至牛肉块、牛杂酥而不烂，捞出晾凉；
2. 煮肉用的原汤用大火再烧约10分钟，倒入小碗
中，加入高汤、辣椒油、生抽、花椒面调成味汁；
3. 牛肉、牛杂切片，淋入味汁拌匀，撒上花生末
和芝麻即成。

寻味攻略
destination of taste
四川成都

寻味攻略
destination of taste
黑龙江
哈尔滨

松仁小肚

● **主料**

软肥膘，切薄片
肘子，去筋、切薄片
猪小肚（膀胱）

● **辅料**

绿豆淀粉；松仁；香油；葱，切末；鲜姜，切末；盐；
花椒面；高汤；白糖；松木，锯成末

● **做法**

1. 将肥膘片、肘子片、淀粉、松仁、香油、葱姜末、盐和花椒面混合放入碗中，加入适当的清水拌匀，搅到馅浓稠带黏性为止，将肉馅灌入肚皮，用线缝好肚皮口，用针在猪小肚上扎口；

2. 将卤锅置火上，高汤沸时放入猪小肚，保持小水花滚开，每30分钟左右将猪小肚用针扎放尽肚内油水，并经常翻动，煮2小时出锅后；

3. 另起一锅，按3：1的比例加入白糖和松木锯末，上面放上箅子，猪小肚放箅子上熏制8分钟后出炉，晾凉后切片即成。

瓦罐汤

寻味攻略
destination of taste
江西

● **主料**

新鲜排骨，剁块
莲藕，去皮、切块

● **辅料**

料酒；盐；姜，切末；花椒粒；干辣椒；白胡椒粉

● **做法**

1. 排骨块中加入料酒、盐腌30分钟；

2. 锅内加水烧开，排骨入锅焯水后取出；

3. 排骨放入瓦罐，加入足量清水，放入姜末、花椒粒、干辣椒、盐、白胡椒粉调味，大火炖煮30分钟，然后转小火细煨4～6小时；

4. 莲藕块用清水略漂洗，起锅前两小时放入瓦罐中即可。

　　打两角酒，切二斤熟牛肉，是为《水浒传》量身定做的好汉食谱。为何好汉都视牛肉为不二选择呢？除了能及时补充给养之外，最重要的当然是它不同于一般干粮的滋味：食之口感咸鲜，鲜嫩爽滑，兼以色泽亮丽，闻之便口舌生津。闭上眼睛，细细咀嚼，温暖贴心。

· TIPS ·

　　1. 切牛肉时，要横着来切，并尽可能切薄，也就是要垂直于牛肉的纹路切，每一刀都将长纤维切断；

　　2. 腌牛肉的时候不能放酒，放酒会使牛肉变老；

　　3. 牛肉过油时时间一定要短，变色后立即盛出；

　　4. 炖煮牛肉时，不可用高压锅，须用小锅小火慢炖。

干煸牛肉丝

寻味攻略
destination of taste
四川自贡

● **主料**

牛肉，横切成丝
芹菜，切段

● **辅料**

花椒粒；料酒；干辣椒，切丝；姜，切丝；蒜，切片；郫县豆瓣酱；盐；白糖；香菜，切段；酱油

● **做法**

1. 锅内放底油，放入花椒粒，炸出香味后放牛肉丝炒散后继续煸炒至水分炒干；

2. 在锅中加料酒，炒匀，再加入干辣椒丝、姜丝、蒜片、郫县豆瓣酱，继续煸炒；

3. 加入芹菜，再加盐、白糖，炒至芹菜变色；

4. 随后放入香菜段、酱油，炒匀后即可出锅。

小炒黄牛肉

寻味攻略
destination of taste
湖南

● 主料

黄牛肉，去筋膜、切片
鸡蛋
小米辣椒，切米粒状
芹菜，切米粒状

● 辅料

嫩肉粉；生抽；盐；淀粉，兑水调成芡汁；蒜，切末；
泡椒水；香油

● 做法

1. 黄牛肉片加嫩肉粉、生抽、盐、鸡蛋清、芡汁
码味上浆；
2. 锅内放底油，烧热后下牛肉片，炒至八成熟时，
出锅装入碗内待用；
3. 锅内留油，倒入蒜末、小米辣椒粒、芹菜粒炒香，
倒入泡椒水，放入牛肉片，加盐翻炒均匀，淋香油，
出锅装盘即可。

水煮牛肉

寻味攻略
destination of taste
四川成都

● 主料

牛里脊肉，切成薄片

● 辅料

生抽；老抽；淀粉，兑水调成芡汁；干辣椒；花椒粒；
蒜苗，切段；白菜心，切段；芹菜，切段；郫县豆瓣酱；
胡椒面，盐；姜，切片；蒜，切片

● 做法

1. 将牛肉片放入碗中，加入生抽、老抽上色调味，
放入芡汁勾芡拌匀；
2. 锅内入底油烧热，放入干辣椒、花椒粒炸至有
香味时捞出备用；
3. 锅内余油烧热，放入蒜苗、白菜、芹菜翻炒至
断生捞出；
4. 锅内余油烧热，放入郫县豆瓣酱翻炒，加入清水、
蒜苗、白菜、芹菜，同时放入生抽、老抽、胡椒面、盐、
姜蒜片煮5分钟，将蒜苗、白菜、芹菜捞出摆盘；
5. 中火将汤汁烧开，肉片下锅烫熟即捞起；
6. 肉片也装入盘中，倒入少许汤汁，将炸制好的
干辣椒和花椒粒切碎撒在肉片上。另取一锅入适
量底油烧热，淋在干辣椒和花椒碎上即可。

寻味攻略
destination of taste
广西

酸笋炒牛肉

● 主料

牛肉，除去筋膜、切成横纹薄片
鲜笋，切丝、洗净放入坛中压紧、加盐密封两周
青椒，切菱形块

● 辅料

香油；淀粉；料酒；鸡蛋，取蛋清；盐；蒜，切末；泡椒；
小米辣；小茴香；生抽；白糖；花椒粒

● 做法

1. 在牛肉中加入香油、淀粉、料酒、鸡蛋清、盐抓拌均匀，腌制 30 分钟；
2. 锅内放油，放入牛肉片滑熟取出；
3. 锅内放底油，煸炒蒜末、泡椒、小米辣、小茴香；
4. 加入酸笋丝和青椒翻炒 2 分钟，加入牛肉继续翻炒，最后加入生抽、白糖和花椒粒翻炒均匀即可。

寻味攻略
destination of taste
江苏徐州

洋葱炒牛肉丝

● 主料

牛肉，切粗条
洋葱，切细条

● 辅料

盐；料酒；淀粉；鸡蛋，取蛋清；红椒，切细条；生抽；胡椒粉

● 做法

1. 将牛肉加盐、料酒、淀粉、鸡蛋清抓匀，腌制 15 分钟；
2. 锅内倒油，烧热，倒入牛肉片滑散后捞出；
3. 留底油，放入洋葱、红椒炒至变色，再倒入牛肉翻炒均匀；
4. 加盐、生抽、胡椒粉炒匀出锅。

滑蛋牛肉

寻味攻略
destination of taste
广东广州

● 主料

牛肉，切薄片
鸡蛋，打散

● 辅料

葱，切葱花；料酒；生抽；蚝油；蒜，捣成蓉；淀粉；盐

● 做法

1. 将牛肉与葱花、料酒、生抽、蚝油、蒜蓉、淀粉、盐搅拌均匀，腌制 10 ～ 30 分钟；
2. 干锅热油，烧至油面有热气蒸腾，倒入牛肉片，至肉变色盛出；
3. 将打好的蛋液浇入牛肉片中，搅拌均匀；
4. 将锅中的剩油烧至温热，倒入牛肉蛋液炒熟。

炸牛肉

寻味攻略
destination of taste
安徽和县

● 主料

牛腱子肉，切片

● 辅料

葱，切片；姜，切片；八角；香葱，打结；生抽；老抽；白糖；盐；香油

● 做法

1. 锅内入水烧开，下入牛肉片煮透捞起晾干，牛肉汤撇净浮沫，放置备用；
2. 牛肉下入刚起烟的油中炸干水分捞起沥油；
3. 锅内余油烧热，放入葱片、姜片、八角爆香，下牛肉，放入香葱结、生抽、老抽、白糖、盐以及牛肉汤烧开，煮至收干汤汁为止；
4. 牛肉捞起后放入香油中浸泡 1 ～ 2 小时，沥油后即可食用。

青海三烧

● 主料

干羊筋，油发（热油炸生羊筋起泡后用碱水泡5～6个小时）

土豆，切块

精牛肉，剁成馅团成团子

● 辅料

葱，切葱花；蒜，切末；青椒，切段；红椒，切段；盐；胡椒粉；料酒；香油

● 做法

1. 锅内加底油，下入土豆块炸成金黄色，盛出沥油；

2. 再下入牛肉馅炸成丸子，盛出，沥油；

3. 另起锅加底油，烧至油面滚动时，放入葱花、蒜末炝锅，下入羊筋，加入牛肉丸、土豆块、青红椒段、盐、胡椒粉、料酒，烧5分钟左右，淋少许香油出勺装盘即可。

蚝油牛肉

● 主料

牛肉

草菇，加油和姜用水焯熟

● 辅料

盐；生抽；葱，切段；姜，切片；蒜，切片；花雕酒；蚝油；鸡粉；白糖；淀粉，兑水调成芡汁

● 做法

1. 牛肉加盐和生抽抓匀腌制待用；

2. 将炒锅烧热，加底油，待油面起烟时，将腌制好的牛肉倒入滑炒，牛肉变色后，另起锅，将葱段、姜片、蒜片爆香，将滑好油的牛肉、草菇倒入，烹入花雕酒，大火翻炒均匀；

3. 取蚝油、生抽、盐、鸡粉、白糖与芡汁一起调和成碗芡，将碗芡快速烹入炒锅中，再次翻炒均匀，入明油，出锅摆盘即可。

寻味攻略
destination of taste
青海

酸辣里脊

● **主料**

精选牦牛里脊肉，切块

● **辅料**

葱，部分切段、部分切葱花；姜，切末；盐；胡椒粉；料酒；鸡蛋，取蛋清，兑土豆淀粉成糊状；青椒，切块；红椒，切块；蒜，切片；干辣椒；米醋

● **做法**

1. 牛里脊肉加葱花、姜末、盐、胡椒粉、料酒，腌制 10 分钟；

2. 将腌好的牛里脊肉投入鸡蛋糊中，挂糊抓匀；

3. 锅内入底油烧至六成热，下牛里脊肉，炸至表面微黄，取出晾 15 分钟左右，再次炸至表面金黄色装盘；

4. 锅内留余油，放入青红椒块、葱段、蒜片、干辣椒、米醋，烹煮成酸辣汁；

5. 将酸辣汁浇在里脊上即可。

香辣牛干巴

● **主料**

牛肉

寻味攻略
destination of taste
云南、贵州

● **辅料**

盐；花椒粉；阴辣角；虾片；姜，切片；蒜，切片；花椒粒；红椒，切块

● **做法**

1. 牛肉用食盐和花椒粉腌制入味，腌好的牛肉放陶瓶内密封后在阴凉处腌制 10 ~ 15 天，腌好后，将牛肉取出，挂在房顶晾晒，1 个月后，即成为牛干巴；

2. 锅内下底油烧热，分别倒入牛干巴片、阴辣角、虾片略炸，捞出备用；

3. 另起锅下底油烧热，下姜蒜片、花椒粒炒香后，下炸过的牛干巴片、阴辣角、虾片、红椒块略炒；

4. 加盐调味，起锅装盘即可。

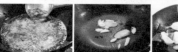

麻辣牛筋

寻味攻略
destination of taste
四川

● **主料**

牛筋，煮熟、切片

● **辅料**

盐；白糖；醋；花椒粉；红油；姜，切丝；花椒粒；红椒，切丝；葱，切斜段；生抽

● **做法**

1. 将盐、白糖、醋、花椒粉、红油调制成料汁；
2. 将料汁倒入盛牛筋的碗中，将牛筋腌制 20 分钟；
3. 锅内放底油，烧至七成热时，下姜丝、花椒粒爆香，下红椒丝翻炒；
4. 下腌好的牛筋翻炒，直至牛筋变色；
5. 加入盐、葱段、生抽略炒入味，起锅装盘。

清蒸牛蹄筋

寻味攻略
destination of taste
青海海东

● **主料**

牛蹄筋

● **辅料**

碱水；胡椒粉；花椒粒；辣椒；盐；姜，部分切片、部分切末；葱，部分切段、部分切末；鸡汤；蒜，切末；淀粉，兑水调成芡汁；香油；香菜

● **做法**

1. 将牛蹄筋留皮去毛，烧烤洗净，刮去焦黑外皮，用碱水略泡，再反复刮洗，直至碱味消失即停止，然后上锅隔水蒸 30 分钟，取出，剔去骨骼；
2. 将熟蹄筋切成条，放入碗内，加胡椒粉、花椒粒、辣椒、盐、姜片、葱段、鸡汤，入笼蒸 1 小时，使料味渗入筋内取出，拣去葱段、姜片，滗出汤汁待用；
3. 炒勺置火上，留底油适量烧热，用葱姜蒜末炝锅，倒入原汁烧沸，加盐、胡椒粉调好味，用芡汁勾薄芡，淋入香油，出勺浇在蹄筋上，再撒上香菜、蒜末即成。

红烧牛尾

● **主料**

牛尾，按骨节剁成段

● **辅料**

白糖；香油；八角；葱，切段；姜，切片；蒜，切片；甜面酱；料酒；老抽；盐；桂皮；鸡汤；高汤；淀粉，兑水调成芡汁

● **做法**

1. 将牛尾放入锅中煮至水沸腾，捞出洗去血水；
2. 另起锅入底油加入白糖炒成糖色；
3. 锅内放香油烧热，加八角、葱段、姜蒜片煸出香味，加入甜面酱炒匀，将牛尾倒入炒匀；
4. 加料酒、老抽、盐、桂皮、白糖、鸡汤、清水烧开；
5. 用微火煮至牛尾九成熟时，将牛尾捞出分码在蒸碗内，上锅蒸烂后扣入盘内；
6. 将汤汁沥在炒勺内，上火，加入料酒、老抽、高汤，用芡汁勾芡，淋入香油，浇在牛尾上即可。

葱扒牛舌

● **主料**

牛舌，切片
葱，切段

● **辅料**

花椒粒；高汤；料酒；老抽；姜，捣汁；盐；淀粉，兑水调成芡汁

● **做法**

1. 牛舌片焯熟备用；
2. 热油将葱段炸至金黄色盛出，在盘中码好；
3. 把牛舌片整齐地码在葱段上面；
4. 锅内入底油，下花椒粒爆香；
5. 将码好的牛舌、葱段整盘滑入锅内；
6. 加水、高汤、料酒、老抽、姜汁、盐，大火扒至入味，倒出；
7. 将锅内的余汁加芡汁勾芡，均匀浇在牛舌上。

和味牛杂

寻味攻略
destination of taste
广东

● **主料**

牛杂，切块

红、白萝卜，切块

● **辅料**

洋葱，切片；姜，切片；高汤；淀粉，兑水调成芡
汁；盐

● **做法**

1. 锅内入水烧开，牛杂入锅焯水，去腥除味；
2. 锅内入底油烧热，洋葱片、姜片下锅爆香后捞出，
放入牛杂块翻炒；
3. 锅内放入红、白萝卜块，加入高汤，大火煮5分钟；
4. 转小火焖煮20分钟后撒盐，用芡汁勾芡即可起锅。

牦牛肉

● **主料**

牦牛臀尖肉，切块

● **辅料**

葱，部分切长段、部分切末；姜，部分切片、部分
切末；盐；料酒；花椒粒；干红辣椒，斜切成细段；
牛肉汤；老抽；芝麻

● **做法**

1. 牦牛臀尖肉块盖上葱段、姜片，加盐、料酒腌1
小时，再上笼用大火蒸烂，取出晾凉，改切成4厘
米长、1厘米宽（厚）的条；
2. 油烧至五成热，放入牛肉条，炸干水分，捞出控油；
3. 锅内留底油烧热，放入花椒粒，炸煳后捞出不用；
4. 待油稍凉一些，放入干红辣椒段炸成紫黑色，
加葱姜末爆香，下牛肉条，倒入牛肉汤，老抽上
色后用中火将汁收浓，汁尽时浇上辣椒油，撒上
芝麻，拣去辣椒段、葱姜末装盘即可。

寻味攻略
destination of taste
西藏

牛肉小汤包

主料

猪皮
牛肉，剁成蓉
面粉

辅料

八角；葱，切段；盐；胡椒粉；猪油；蟹肉，剁碎；
蟹黄；姜，切末；生抽；料酒

做法

1. 猪皮入锅煮，烧开后继续煮5分钟，盛出晾凉后去除肥肉切成丝，猪皮汤装盘晾凉成冻，切成丁；
2. 将八角、葱段、盐、胡椒粉小火煮40分钟；
3. 将锅内加猪油烧热，放入蟹肉、蟹黄、姜末炒出蟹油，与牛肉蓉、皮冻丁、生抽、料酒等调拌成馅；
4. 将面粉加水揉至表面光滑，盖上湿布静置20分钟后，将面揉成长条，揪小块揉成面团，擀成薄片；
5. 加馅捏褶成包，上蒸笼用旺火蒸10分钟即可。

寻味攻略
destination of taste
河南开封

牛肉萝卜汤

● 主料

牛肉
白萝卜，去皮切块

● 辅料

葱，切段；黄酒；盐

● 做法

1. 将牛肉放入滚水中汆烫去秽血，捞出后切成小方块；
2. 将牛肉块放入冷水中，用旺火烧开，放入葱段、黄酒，用小火炖3小时，至牛肉筋膜熟透，且能咬碎时为宜；
3. 放入白萝卜块，加盐，再小火慢炖1小时，待牛肉、白萝卜块均已熟烂即可。

寻味攻略
destination of taste
北京

夏天，微风沉醉的晚上，烤羊肉串配上冰镇啤酒，可以让我们暂时感觉自己和这个焦躁的城市毫无干系。我们当然会听到很多关于羊肉不利于健康的负面评论，我们也曾听到它既能抵御风寒，又可滋补身体的呼声，但单就醇香程度而言，其他肉类品种可能还真的无法撼动羊肉的至尊地位。

· TIPS ·

1. 羊肉肉味浓郁，不易消化，脾胃功能不好的人不可多吃；

2. 羊肉性温助阳，暑热天或发热病人要慎食；

3. 吃羊肉时，搭配凉性或甘平性的蔬菜可起到清凉去火的作用；

4. 炖煮羊肉时，放入山楂、萝卜、洋葱、绿豆、橘皮等，炒制时放些葱、姜、孜然、料酒等作料，可去膻味。

羊蝎子·火锅

寻味攻略
destination of taste
北京

● 主料

羊蝎子，剁块

● 辅料

火锅底料（小茴香，花椒粒，桂皮，丁香，草果，肉豆蔻，香叶，黄芪，南姜，砂仁，枸杞，党参）；葱，切段；姜，切片；生抽；老抽；料酒；干辣椒；孜然；调料包（花椒粒、桂皮、茴香、草果、香叶）；盐；香菜

● 做法

1. 将羊蝎子放进锅中，注入冷水没过羊蝎子，加热至水沸腾后，将羊蝎子盛出、沥干；
2. 锅内入底油烧热，下入火锅底料翻炒均匀；
3. 放入羊蝎子，加葱段、姜片、生抽、老抽、料酒炒匀，向锅中注入开水，没过羊蝎子；
4. 放入干辣椒、孜然、调料包，慢炖 1 小时，放入盐；
5. 再慢炖 30 分钟左右，撒上香菜，出锅。

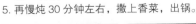

太原焖羊肉

寻味攻略
destination of taste
山西太原

● 主料

羊后腿肉，切块

● 辅料

老抽；淀粉；蛋清；葱，切斜段；姜，部分切片、部分榨汁；茴香籽；蒜，切片；高汤；香油

● 做法

1. 将羊后腿肉块加老抽、淀粉和蛋清，抓匀浆好，放入部分葱段、姜片稍腌；
2. 炒锅烧至四成热，下入茴香籽炸成金黄色，再放入剩下的葱段、蒜片和腌好的羊肉块，用铲子将肉块滑散，然后翻炒2分钟；
3. 待肉块成黄白色时，加老抽、姜汁、高汤，盖上锅盖，用小火焖上2分钟，待汤汁不多时，淋上香油即成。

红烧羊肉

寻味攻略
destination of taste
河南开封

● 主料

羊肉，切块

● 辅料

鸡蛋，打散；老抽；淀粉，部分兑水调成芡汁；葱，切丝；姜，切丝；冬笋，削皮、切片；木耳，用水泡发、去蒂；金针菜，焯水、过凉水、切段；高汤；料酒；盐；羊肉汤

● 做法

1. 将鸡蛋液、老抽、淀粉搅成糊状；
2. 倒入盛羊肉块的碗中，拌匀备用；
3. 油烧至油面开始冒烟，逐块下入羊肉，炸至金黄色，盛出、沥油；
4. 用葱姜丝炝锅，放入冬笋片、木耳、金针菜段、羊肉翻炒，加高汤、料酒、盐焖煮；
5. 倒入羊肉汤，继续焖烧，菜熟后大火收汁，加芡汁勾芡，翻匀即可出锅。

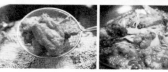

手扒羊肉

寻味攻略
destination of taste
内蒙古
呼和浩特

● 主料

羊肉，切块

● 辅料

胡萝卜，切块；洋葱，切块；葱，切段；姜，切片；
调料包（花椒粒、草蔻、干辣椒、茴香）；香菜，
切末；蒜，切末；老抽；香油；孜然；盐

● 做法

1. 将羊肉用冷水浸泡 1.5 小时；
2. 把羊肉放进煮锅，加冷水没过羊肉，大火烧开，
撇去浮沫；
3. 加胡萝卜块、洋葱块、葱段、姜片、调料包，
小火煮 2 小时盛出；
4. 将香菜末、蒜末、老抽、香油、孜然、盐调成
汤汁蘸食。

黄渠桥
爆炒羊羔肉

寻味攻略
destination of taste
宁夏石嘴山
黄渠桥

● 主料

羊羔肉，切块
粉条

● 辅料

香油；老抽；葱，切段；干辣椒，切段；花椒粒；
泡花椒水；姜，切片；青椒，切片；蒜苗，切段；醋；
高汤

● 做法

1. 将切好的羊羔肉放在冷水中浸泡 2 小时，去除
血水和膻味；
2. 粉条用清水煮软捞出沥水待用；
3. 锅内倒香油，烧热后放入肉块煸炒 8 分钟；
4. 加老抽，煸炒羊羔肉呈棕红色；
5. 放入粉条、葱段、干辣椒段、蒜苗段、盐、花椒水、
老抽、姜片、青椒片、醋，翻炒均匀，加入高汤，
加盖焖 20 分钟，出锅装盘。

它似蜜

● 主料

羊肉，斜刀切成薄片

● 辅料

甜面酱;淀粉;姜,打汁;糖色;老抽;醋;黄酒;白糖;
香油

● 做法

1. 将羊肉片放在碗里，加入甜面酱、淀粉，抓匀上浆;

2. 把姜汁、糖色、老抽、醋、黄酒、白糖、淀粉一起放在碗里，调成芡汁;

3. 将油倒入炒锅内，置于旺火上烧到七成热，下入浆好的羊肉片，迅速拨散，待肉片透出白色时，用漏勺捞出沥油;

4. 将炒锅重置旺火上，放入香油烧热，倒入滑好的羊肉片，烹入调好的芡汁，快速翻炒均匀，使肉片粘满芡汁，再淋上香油即成。

碗蒸羊羔肉

● 主料

羊羔肉，切块

● 辅料

葱,切葱花;面粉;姜,切末;老抽;盐;十三香;八角,
磨粉;香油;香菜,切段

● 做法

1. 羊羔肉块中加入部分葱花、面粉、姜末、老抽、盐、十三香、八角粉、香油搅匀，腌20分钟;

2. 腌好的羊羔肉装入碗中，上锅隔水蒸40分钟;

3. 取出碗，加入葱花、香菜段即可。

寻味攻略
destination of taste
内蒙古
呼伦贝尔

烤羊腿

● 主料

羊后腿，用铁签子在上面戳些小孔

● 辅料

盐;花椒水;桂皮;八角;草果;姜，切片;西红柿酱;
羊肉汤;洋葱，切片;青椒，切片;胡萝卜，切片;
芹菜，切段;五香粉;香菜叶

● 做法

1. 将戳好孔的羊后腿置大盆里，加盐、花椒水腌
4 ~ 6 小时;
2. 烤盘内加桂皮、八角、草果、姜片、西红柿酱
和羊肉汤，再放上腌过的羊后腿，上面盖上洋葱片、
青椒片、胡萝卜片、芹菜段;
3. 待烤箱升温至 180℃左右时，将烤盘推进烤箱
内，每小时翻动一次，烤 3 ~ 4 小时，待汤汁烤干，
羊后腿烂熟，取出装盘，撒上五香粉，并以香菜
叶点缀即成。

烤羊排

寻味攻略
destination of taste
宁夏盐池

● 主料

羊排，去边修整齐

● 辅料

葱，切葱花;姜，切末;蒜，切末;孜然粉;咖喱粉;
盐;料酒

● 做法

1. 将修整好的羊排撒上葱花、姜蒜末、孜然粉、
咖喱粉、盐，倒上料酒，搓揉均匀，让羊排能充
分入味，然后腌制 12 小时;
2. 锡纸摊平，放上腌好的羊排，包裹、卷紧，放
入烤盘中;
3. 烤箱预热到 180℃，放入烤盘烤 50 分钟，然后
去掉锡纸，重新放回烤箱中，调至 200℃烤 40 分钟，
待羊排外表变色且松脆即成。

寻味攻略
destination of taste
海南万宁

鱼咬羊

● 主料

羊肉,切长方块

鳜鱼,去鳞、去腮和内脏

● 辅料

老抽;绍酒;葱,切段;姜,切片;八角;白糖;盐;高汤;香菜

● 做法

1. 先将羊肉块放入开水里烫一下,捞出沥干水;

2. 炒锅上火放油烧热,倒入羊肉煸炒,加水、老抽、绍酒、葱段、姜片、八角、白糖、盐,烧至八成烂时关火;

3. 拣去葱段、姜片、八角,将部分羊肉装入鱼腹内,将鱼身刷满老抽;

4. 将炒锅放在旺火上,油烧至油面开始涌动后,放入鳜鱼,煎至两面金黄时加入余下的羊肉,加高汤没过鱼身烧开;

5. 再倒入砂锅,小火炖 30 分钟,待鱼酥肉烂,拣去葱段、姜片、八角,撒上香菜即成。

东山羊

● 主料

带皮无骨东山羊肉,切厚片(保持皮相连)

● 辅料

棕榈油;香油;姜,切片;葱,切段;蒜,切小块;八角;桂皮;陈皮;腐乳;柱侯酱;绍酒;生抽;盐;白糖;高汤;胡椒粉;淀粉,兑水调成芡汁;芝麻

● 做法

1. 将处理好的羊肉整块放入烧沸的水中滚至八成熟,捞出,沥去水分;

2. 大火烧锅,下棕榈油,烧至八成热,将整块羊肉放入油锅炸至略呈金黄色,舀入漏勺,在清水中漂净油分;

3. 另起一锅,倾入香油,下姜片、葱段、蒜块、八角、桂皮、陈皮、腐乳、柱侯酱,推匀、爆香,接着下羊肉块,溅入绍酒,再加生抽、盐、白糖、高汤、胡椒粉,推拌均匀,加盖,慢火焖至皮烂入味;

4. 将焖好的羊肉块带汁放入碗中,上笼蒸透,滗出原汁,将羊肉反扣入盘中;

5. 滗出的原汁倒入锅中,芡汁勾芡后浇在羊肉上,再撒上葱花、芝麻即成。

寻味攻略
destination of taste
安徽淮北

单县羊肉汤

寻味攻略
destination of taste
新疆

● **主料**

羊肉，切块

● **辅料**

羊骨，剁段；调料包（白芷、草果、桂皮、良姜）；葱，切段；姜，切块；红油；花椒水；香菜，切末；高汤；盐

● **做法**

1. 羊骨段铺在锅底上面放羊肉块，加清水没过肉；
2. 用旺火烧沸，撇净血沫，将汤滗出；
3. 原锅继续加清水没过羊肉，大火烧开，撇出浮沫；
4. 原锅注入清水，加调料包、葱段、姜块，大火熬煮；
5. 汤浓发白、肉色发白时，加红油、花椒水，继续熬煮；
6. 盛出煮熟的羊肉晾凉，切薄片装入碗内；
7. 加香菜末、高汤、盐，倒入羊汤即可。

霍尔达克

● **主料**

连骨羊肉（以羯羊肉为最好），剁块

● **辅料**

葱，切丝；姜，切片；花椒粉；胡椒粉；盐；胡萝卜，切滚刀块；土豆，切滚刀块

● **做法**

1. 锅内入底油，烧至七成热，加入羊肉块煸炒；
2. 待羊肉水分炒干、肉质收紧时，放入葱丝、姜片、花椒粉、胡椒粉、盐，加水，中小火慢炖 40 分钟；
3. 加入胡萝卜块、土豆块，调至小火焖炖 10 分钟左右即可。

清炖羊肉

寻味攻略
destination of taste
新疆

● 主料

羊肉
青萝卜，切块、用水汆一下

● 辅料

花椒粒；小茴香；陈皮；葱，切段；蒜瓣；姜，切片；
干辣椒；小紫苏；香菜

● 做法

1. 将羊肉用开水汆去血污，撇净血沫；
2. 将羊肉放入砂锅中，加花椒粒、小茴香、陈皮、
葱段、蒜瓣、姜片、干辣椒、小紫苏小火熬煮2小时；
3. 羊肉煮至七分熟时，放入青萝卜，小火熬煮1小时，
等羊肉和青萝卜都煮熟后，放入葱段、香菜即可。

手扒肉

● 主料

带骨羊肉，剁成2厘米长、5厘米宽的块、清水
浸泡2小时

● 辅料

葱，部分切末、部分切段；姜，部分切末、部分切
片；老抽；醋；胡椒面；盐；香油；胡萝卜，切厚片；
茴香籽；花椒粒

● 做法

1. 取一小碗，将葱姜末、老抽、醋、胡椒面、盐、
香油加水调成汁；
2. 锅内加入清水，将泡好的带骨羊肉块放进去，
大火烧开后，撇去浮沫，放入葱段、姜片、胡萝卜片、
茴香籽、花椒粒，盖好锅盖，转入小火煮到肉烂
时再加入盐，调匀后装盘，搭配调好的汁上桌即可。

寻味攻略
destination of taste
内蒙古
鄂尔多斯

羊肉粉汤饺子

寻味攻略
destination of taste
宁夏银川

● 主料

羊肉，部分切丁、部分剁馅
饺子皮

● 辅料

葱，部分切丝、部分切葱花；姜，切丝；十三香；
辣椒粉；黄花，泡发；木耳，泡发；醋；凉粉，切块；
洋葱，切丁；胡萝卜，切丁；鸡蛋，取蛋清；胡椒粉；
生抽；老抽；料酒；盐；香菜，切段

● 做法

1. 将羊肉丁入锅煸炒，加葱姜丝、十三香、辣椒粉，
炒至羊肉变色，加泡好的黄花、木耳以及适量清水，
小火熬煮，水开后加醋、凉粉块，关火，即成粉汤备用；
2. 在羊肉馅中放入洋葱丁、胡萝卜丁、鸡蛋清、胡椒粉、
生抽、老抽、料酒、盐，拌匀，将馅包入饺子皮，
煮熟后，盛出浇上煮好的粉汤，加葱花、香菜即成。

羊肉泡馍

● 主料

羊肉，切片
羊骨头，砸断
白吉馍，掰丁

寻找攻略
destination of taste
陕西西安

● 辅料

调料包（包括姜、蒜、桂皮、八角、党参、黄芪、
山奈、香叶、草蔻、砂仁、山楂、花椒、干姜、草果、
小茴香等）；粉丝；木耳；盐；剁椒酱；香菜

● 做法

1.羊肉片放入锅内，加水和调料包，大火烧开后撇
去浮沫后转小火炖 2 个小时；
2.另起一锅，加入炖肉原汤，放入馍丁、粉丝、木
耳煮熟，加盐调味，出锅倒入碗中后，并用剁椒酱、
香菜调味，拌匀即可。

手抓饭

● **主料**

羊排，切块
大米

● **辅料**

料酒；生抽；老抽；姜，切丝；洋葱，切丁；胡萝卜，切丁；辣椒面；孜然粉；葡萄干

● **做法**

1. 锅中加入冷水、料酒，烧开后加入羊排，撇掉浮沫，约煮 5 分钟，捞出羊排，汤汁放一旁备用；
2. 锅内加底油烧热，放入煮好的羊排翻炒，加入生抽调味、老抽上色，然后加入姜丝、洋葱丁、胡萝卜丁、辣椒面、孜然粉翻炒入味，大火焖煮 3 分钟即可；
3. 洗净的大米放入电饭锅，放入羊排以及葡萄干，加入之前的羊排汤汁，用量按照平时煮饭以及喜爱的口感即可。

新疆曲曲

● **主料**

羊肉馅
羊肉汤
面粉

● **辅料**

洋葱，切末；盐；胡椒粉；孜然粉；羊尾油，切丁；香菜，切段

● **做法**

1. 羊肉馅加洋葱末、盐、胡椒粉、孜然粉和少量羊肉汤，搅拌上劲；
2. 面粉和面，做剂，擀成方薄片；
3. 面片包馅，对折，捏边；
4. 两头弯曲，从底部捏合，中间留眼；
5. 肉汤煮开，放入包好的曲曲，煮熟后放入羊尾油丁，煮开；
6. 放入香菜段，关火出锅。

03

A BITE OF CHINA

与新鲜相逢——鱼虾贝蟹

　　江海辽阔，以生鲜而闻名，最为动人的即其本色之鲜。复杂的烹饪方式，繁多的作料调味、花哨的炮制手法往往是舍本逐末。取法自然，做最原生态的还原，方能在"大道至简"中品味到至味入心。生鲜，汲取日月之光华，蕴含江海之灵气，遵循天地之造化，在中国人饮食记忆的大江大河里游弋成一朵奇葩。

鱼

中国人吃鱼的历史大致可追溯到 2000 多年前，孟子用"鱼与熊掌"比喻"舍生取义"的大节。人们常用"如鱼得水"来形容最舒适的环境。沿袭此道，对鱼的烹饪大多也讲究保持其原汁原味的新鲜。既保留新鲜原始的味道，同时又将生、涩、腥的部分恰到好处地去除，归零和还原，这中间既做加法又做减法的努力当真是对厨艺的一种考验。

· TIPS ·

1. 鱼肉味道鲜美，营养丰富，是优质蛋白质的提供者；

2. 腌制鱼片时，加一点色拉油，可以将鱼肉中的水分封住，使鱼肉更嫩滑；

3. 炸鱼时油温要高，这样能保证鱼肉既不粘锅，也不易碎；

4. 蒸鱼时，鱼盘中可先用两根筷子前后垫底，上面再放鱼，这样便于蒸汽回圈，鱼身两面受热均匀，肉质更加鲜美。

红烧大黄鱼

寻味攻略
destination of taste
江浙地区

● 主料

大黄鱼

● 辅料

盐；料酒；葱，切段；姜，切片；蒜，切厚片；洋葱，切丝；老抽；糖；胡椒粉；淀粉，兑水调成芡汁；香油；青、红椒片

● 做法

1. 用刀在鱼身两侧划细纹、用少量盐和料酒腌制10 分钟；

2. 锅内入底油烧热，转中火，取葱段、姜片、蒜片、洋葱丝入锅煸炒出香味；

3. 将大黄鱼下锅，每一侧煎至金黄色即可，加入老抽、盐、糖、胡椒粉调味，并加入适量清水没过鱼身，小火焖煮 5 分钟；

4. 加入芡汁，大火收汁，淋上香油装盘；

5. 将青、红椒片铺在黄鱼上，取少量底油，中火烧至五成热浇在大黄鱼上即成。

红烧臭鳜鱼

寻味攻略
destination of taste
安徽黄山

● 主料

臭鳜鱼（在木桶底部撒少许盐，然后逐一将鱼表面抹上适量的盐，整齐地放入桶内，一层一层往上码，最后在鳜鱼上面压上重物将鳜鱼压紧，每天上、下翻动一次，数日后闻到"臭"味时即为臭鳜鱼）

● 辅料

辣椒酱；葱，切葱花；蒜，切末；猪肉，切丁；笋，切丁；高汤；淀粉，兑水调成芡汁；盐

● 做法

1. 将臭鳜鱼放入锅内，入底油两面煎至变色；
2. 另起锅入底油，加入辣椒酱、葱花、蒜末炒匀；
3. 加入猪肉丁炒制肉色变白，加入笋丁，炒制笋丁沾满辣椒酱；
4. 放入臭鳜鱼，倒入高汤，入芡汁勾芡，加盐，大火收汁即可。

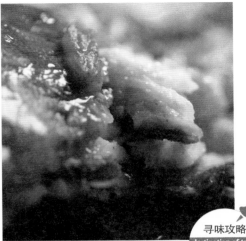

寻味攻略
destination of taste
浙江杭州

西湖醋鱼

● 主料

草鱼

● 辅料

生抽；黄酒；姜，切末；老抽；白糖；醋；淀粉，兑水调成芡汁

● 做法

1. 将鱼对半剖开，对鱼身横切4刀（不要切断），以便于入味；
2. 将鱼的一半氽水，在水热时入锅，肉变香时出锅，一半过油，油面刚刚冒烟时入锅，炸至金黄色时出锅；
3. 把鱼盛出装盘，淋上生抽和黄酒，撒上姜末；
4. 在净锅里加半碗水，再加老抽、白糖，煮开后加醋，加入芡汁勾芡；
5. 将芡汁均匀淋在鱼身上即成。

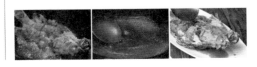

双椒鱼头

寻味攻略
destination of taste
四川

藤椒鱼

● **主料**

草鱼，切成鱼片，留鱼骨
豆芽

● **辅料**

料酒；淀粉；盐；生抽；白胡椒粉；姜；蒜，部分切片，部分瓣切末；洋葱，切碎；藤椒；干辣椒，切段；八角；小茴香；豆豉；糍粑辣椒；郫县豆瓣酱；醪糟汁；鱼汤；白糖；花椒粉；辣椒面；蒜苗，切末

● **做法**

1. 将鱼片加料酒、水和淀粉、盐、生抽、白胡椒粉腌制，豆芽焯水，放入盆底；
2. 将姜片、蒜片、洋葱碎入热油锅爆香，再依次加入藤椒、部分干辣椒段、八角、小茴香、豆豉、糍粑辣椒、郫县豆瓣酱炒香，再加醪糟汁小火慢熬；
3. 鱼汤、白糖、生抽、白胡椒粉煮开，加入鱼骨继续煮，鱼片略烫即可装碗，依次撒上盐、花椒粉、辣椒面、蒜末、蒜苗末、其余干辣椒段、藤椒，淋少许热油即可。

● **主料**

大花鲢鱼头

寻味攻略
destination of taste
湖南长沙

● **辅料**

盐；白酒；醋；葱，切末；姜，切末；蒜，切末；香菜，切末；麻油；生抽；辣椒油；红剁椒；黄泡椒

● **做法**

1. 将大花鲢鱼头对半剖开，鱼身抹盐、白酒、醋，腌制一刻钟；
2. 将葱姜蒜末、香菜末混合放入碗中并调入麻油、生抽、辣椒油，准备好红剁椒，黄泡椒，并倒入白酒拌匀；
3. 分别将红剁椒、黄泡椒和作料拌匀，盖在鱼头的两边，放入蒸锅，大火蒸 10 分钟，最后倒掉一些汤汁，淋入热油即可。

松鼠鳜鱼

● 主料

鳜鱼

● 辅料

料酒；盐；淀粉，部分兑水调成芡汁；番茄酱；高汤；白糖；香醋；料酒；虾仁；熟猪油；葱，切段；笋，切丁；水发香菇，切丁；青豌豆；香油

● 做法

1. 将鱼头切下，斩去脊骨，鱼皮朝下，片去胸刺，然后在鱼肉上切菱形刀纹，深至鱼皮；
2. 碗内放料酒、盐，调匀后将鱼头和鱼肉放在里面腌制片刻再滚沾上淀粉，提起鱼尾抖去余粉；
3. 将番茄酱、高汤、白糖、香醋、料酒、芡汁、盐搅拌成调味汁；
4. 炒锅放熟猪油烧至八成热时，将两片鱼肉翻卷，翘起鱼尾呈松鼠形，放入油锅中，同时用手勺舀热油浇在鱼肉、鱼尾上，紧接着放入鱼头，炸至淡黄色捞起后，复炸至金黄色捞出，将有花刀的一面朝上摆在鱼盘中，装上鱼头，拼成松鼠鱼形；
5. 另用炒锅放油烧热，将虾仁炒熟；
6. 原锅留在旺火上，倒入熟猪油，放入葱段炒香，加入笋丁、香菇丁、青豌豆炒熟，倒入调味汁，加熟猪油、香油搅匀，起锅浇在松鼠鱼上面，再撒上熟虾仁即可。

大蒜鲶鱼

● 主料

鲶鱼肉，剁条
大蒜，去皮

● 辅料

红油；豆瓣酱；泡红椒，切段；泡姜，切片；白糖；胡椒面；香菜

● 做法

1. 锅内加入底油烧热，下鲶鱼条，炸成金黄色；
2. 另起锅加入底油、下大蒜瓣炒熟；再倒入红油、豆瓣酱、泡红椒段、泡姜片爆香；
3. 锅内加水烧沸，下炸好的鲶鱼条，加白糖、胡椒面，小火烹煮20分钟；
4. 起锅，撒上香菜即可。

芙蓉鲫鱼

寻味攻略
destination of taste
湖南

● **主料**

鲫鱼，开膛、剪去胸、腹、背鳍

● **辅料**

葱，切段;姜，切片;盐;料酒;鸡蛋，取蛋清、打散;
清汤;胡椒面

● **做法**

1. 将鲫鱼用葱段、姜片、盐、料酒腌入味,上笼蒸熟;
2. 取出蒸好的鱼,撕去鱼皮,用镊子挑净鱼刺,头、
尾留用后,把鱼肉放入汤盅中,鱼头、鱼尾摆放
在鱼肉两端;
3. 鸡蛋清中加入盐、料酒、少量凉清汤调匀,倒
入盛鱼肉的盅子内,旺火蒸5分钟后改小火,蒸
熟取出;
4. 另起锅烧开剩余清汤,加入盐、胡椒面调味,
待鱼肉稍凉后,将汤注入盅子里即可。

干烧鱼

寻味攻略
destination of taste
四川

● **主料**

武昌鱼,两侧剞十字花刀
猪肉,切丁

● **辅料**

盐;黄酒;郫县豆瓣酱;葱,切段;姜,切末;蒜,
切末;生抽;高汤;白糖;醋

● **做法**

1. 将鱼放盐、黄酒腌至入味;锅中放油,烧至油面
起烟时将鱼下锅,炸至两面浅黄时捞出;
2. 另起锅入底油,放入猪肉丁稍炒;
3. 放入郫县豆瓣酱煸炒,待炒出香味时放入炸好
的鱼;
4. 随后放葱段、姜蒜末,烹入黄酒,放生抽调味,
加高汤没过鱼身,烧开,加白糖、盐;
5. 将锅移至小火慢炖,待汤汁变稠时淋入明油、
醋即可。

生敲韭香鱼

● 主料

大河鲶鱼，片成薄片

● 辅料

底油（由牛油、植物油及 30 多种中草药加高汤之
精华熬制而成）；蛋清粉；淀粉；酸菜，切末；野山椒，
切末；高汤；抄手（馄饨）；韭菜，切段；葱，切丝

● 做法

1. 鱼片上裹底油、蛋清粉；滚入淀粉，用木锤敲打
成生坯；
2. 锅内加水烧开，放入生坯焯熟，捞出后切块；
3. 干锅将油烧热，下酸菜末、野山椒末煸炒，倒
入高汤，下抄手、生坯煮熟捞出；
4. 余汤内下鱼片，待汤沸后，连鱼带汤浇在抄手上；
撒上韭菜段；
5. 另起锅，热油爆香葱丝，浇在抄手和韭菜段上
即可。

热炝鲈鱼

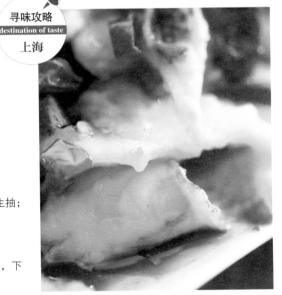

● 主料

鲈鱼，去骨切片
上海青，取菜心

● 辅料

葱，切末；姜，切末；蒜，切末；盐；料酒；高汤；生抽；
干辣椒，切段；花椒粒

● 做法

1. 锅内入水烧开，放入葱姜蒜末、盐和料酒，下
鲈鱼片、鱼头、鱼尾焯熟捞起，装盘备用；
2. 用盐、料酒、高汤、生抽拌匀调汁备用；
3. 炒锅入底油烧热，转中火，放入干辣椒和花椒
粒炸香，趁热倒在鱼片上，倒入调汁搅拌均匀，
用烫好的菜心点缀即可。

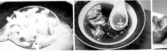

寻味攻略
destination of taste
广西阳朔

啤酒鱼

● **主料**

漓江鲫鱼，不刮鳞
西红柿，切块
红椒，切块

● **辅料**

姜，切丝；生茶油；老抽；啤酒

● **做法**

1. 将鲫鱼平剖成两半，每半边再横砍几刀，将姜丝放入切口内，锅内倒入生茶油，待油温至油面起烟时，将鲫鱼放进油锅大火猛煎；
2. 直到鱼鳞变黄卷起、鱼身变焦时，淋入老抽；
3. 倒入半瓶啤酒文火焖熟，加入西红柿，撒上红椒，收汁出锅即可。

● **主料**

鳜鱼，切成头、中、尾三段，将中段去骨刺、去皮，将鱼身用刀刮光滑，并片成0.5厘米厚的片

● **辅料**

绍酒；酱油；葱，部分切段、部分切末；姜，部分切块、部分切末；干淀粉；鸡蛋，取蛋清；火腿，切片；冬笋，切丁；榨菜，切丁；蒜，切末；干红辣椒；白糖；醋；高汤；青豆；卤汁；香油

● **做法**

1.将鳜鱼头、尾放在盘内，加入绍酒、酱油、葱段、姜块等腌渍；
2.干淀粉和鸡蛋清调成糊，将鱼片放入糊中抓拌后，放入油锅中炸熟后捞起备用；
3.将鳜鱼头尾略炸，捞起，与火腿片、冬笋丁、榨菜丁、葱姜蒜末、干红辣椒一起烧煮，并加入酱油、白糖、醋、绍酒和适量的高汤，烧开后慢炖40分钟后，将烧好的鱼头和鱼尾摆放在大盘两端，将鱼片与火腿片摆放在鱼头和鱼尾中间，撒上煮熟的青豆，浇上卤汁和香油即成。

宫门献鱼

寻味攻略
destination of taste
辽宁

酱鳊鱼

寻味攻略
destination of taste
浙江杭州

● 主料

鳊鱼，去内脏，用花椒粉、盐擦抹鱼身，腌制一夜后干制

● 辅料

绍兴母子酱油；绍酒；葱，切段；姜，切片

● 做法

1. 将干制好的鱼切成块，放入酱油、绍酒、葱段、姜片腌制入味；
2. 锅内加水烧沸，将鱼块上笼蒸 20 分钟即可。

五更豆酥龙鱼

寻味攻略
destination of taste
四川

● 主料

鳕鱼，去头、去鳞、去大骨

● 辅料

葱，部分切斜段、部分切末；姜，部分切片、部分切末；白酒；蒜，切末；四川豆豉；猪肉，剁成馅；煳辣椒粉；盐；生抽

● 做法

1. 把鳕鱼放入长盘中，在鳕鱼上放葱段、姜片，淋些白酒，入笼用大火蒸 10 分钟；
2. 锅内加入底油烧热，下葱姜蒜末爆香；
3. 放入豆豉、猪肉馅煸炒；
4. 下煳辣椒粉、盐、生抽调味，炒至豆豉和肉酥松为止；
5. 将炒好的豆豉和肉馅倒在蒸好的鱼上即成。

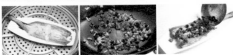

寻味攻略
destination of taste
上海

荠菜塘鲤鱼

● 主料

荠菜，去根、去黄叶、切成细末
塘鲤鱼

● 辅料

葱，切段；猪瘦肉，切丝；盐；淀粉，兑水调成芡汁；
料酒；生抽；姜，切片；胡椒粉

● 做法

1. 将葱下入油锅爆香，加猪瘦肉丝炒至变色，加
水煮沸，放荠菜末、盐调味，用芡汁勾芡，盛出备用；
2. 将塘鲤鱼处理干净后，在鱼身两面各剖两刀，
用料酒、生抽、盐腌渍，捞出晾干后切片；
3. 锅内放油烧至六成热时，放入葱段、姜片煸出
香味后，放入塘鲤鱼片，煎至呈金黄色时，加入
料酒，倒入荠菜汤，盖上锅盖小火煨 10 分钟左右
取出，撒上胡椒粉即成。

鱼头豆腐

● 主料

花鲢鱼头
嫩豆腐，切片
熟竹笋，切片

● 辅料

豆瓣酱；生抽；绍酒；姜，打汁；白糖；高汤；香菇；
盐；青蒜，切段；熟猪油

● 做法

1. 在鲢鱼头部背肉段的两面各深剖两刀，在剖面
涂上豆瓣酱后，将鱼头放入容器内，加生抽稍腌，
将豆腐片用沸水焯去腥味；
2. 将鱼头双面煎黄，烹入绍酒和姜汁，加生抽、白糖，
加盖焖烧至滚开时，放入豆腐片、笋片、香菇、高汤；
烧沸后，倒入大砂锅内，小火煨煮 5 分钟，换中火，
撇浮沫，加盐、青蒜段、高汤，淋熟猪油即可。

贵州酸汤鱼

寻味攻略
destination of taste
贵州凯里

● 主料

鲤鱼, 片成鱼片
泡椒, 剁成蓉
泡酸菜, 切丝
西红柿, 切片
笋, 切丝

● 辅料

淀粉;盐;料酒;鸡蛋,取蛋清;姜;山奈;高汤;大葱,
切葱花;木姜子油

● 做法

1. 鱼片装碗内, 加淀粉、水、盐、料酒、鸡蛋清
码味上浆备用, 鱼头分两半, 鱼骨切成段备用;
2. 将泡椒蓉和泡酸菜丝下油锅炒香, 放入西红柿
片、姜片、山奈一起翻炒, 加入笋丝、高汤烧开,
放入鱼头和鱼骨、葱花、中火熬煮。最后加入鱼片,
煮熟, 加木姜子油调味, 起锅撒上葱花即成。

清蒸鱼

寻味攻略
destination of taste
广东

● 主料

鱼

● 辅料

料酒;盐;姜, 部分切片, 部分切丝;小葱部分葱
花, 部分切段;生抽;花椒粒;香菜, 切末;红辣椒,
切丝

● 做法

1. 鱼身两面都划几刀, 用料酒和盐码味 10 分钟;
2. 将料酒倒掉, 盘底、鱼肚和鱼身上都放姜片和
葱段, 入锅大火蒸 7 分钟, 然后关火焖 2 分钟;
3. 取出鱼盘, 拣去葱姜, 炒锅加少量油烧热, 加
生抽, 将蒸鱼盘中的汤汁倒入, 随即关火, 油热
后也可加入花椒粒;
4. 将锅里的汁淋在鱼身上, 撒葱花、姜丝和香菜
即可, 也可加上红辣椒丝。

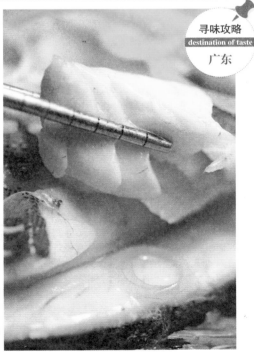

垮炖杂鱼

寻味攻略
destination of taste
吉林查干湖

● 主料

胖头鱼，切段
鲫鱼
嘎牙子（黄桑鱼、昂刺鱼）

● 辅料

大葱，切段；姜；蒜，切块；花椒粒；八角；东北大豆酱；醋；酱油；盐；白糖

● 做法

1. 大锅下重油，烧热，入葱段、姜、蒜块、花椒粒、八角爆香，下入东北大豆酱炒匀，入胖头鱼双面煎至变色后，加水，没过胖头鱼，大火烧开，炖 10 分钟，至胖头鱼全熟；
2. 下入鲫鱼和嘎牙子，加醋，再加入酱油、盐、白糖，大火烧开，转小火炖 20 分钟，汤汁收浓即可。

● 主料

鲤鱼，去腮、去内脏

● 辅料

鸡蛋，打散；面粉；花生油；葱，切末；姜，切末；蒜，切末；玉兰片，切丝；火腿，切丝；料酒；醋；白糖；老抽；淀粉，兑水调成芡汁

● 做法

1. 将鲤鱼从下嘴唇劈开，掰开鳃盖，将鱼身两面上下交叉劈成薄刀片，每片端均与鱼身相连，再用剪刀剪成梳齿状；
2. 将蛋液均匀沾在鱼肉上，然后裹上面粉；
3. 炒锅下花生油，烧至四成热，双手提起抹好面粉的鱼，一手提近头部，一手提近尾部放入油锅，炸至梳齿状的鱼肉从鱼背骨两侧均匀地散开，然后将鱼翻身，炸至金黄色时捞出，鱼腹朝下放在盘中；
4. 锅内留油少许，用葱末、姜末、蒜末爆香，下玉兰丝、火腿丝加料酒、醋、白糖、老抽，芡汁勾芡后浇在鱼身上即成。

金毛狮子鱼

寻味攻略
destination of taste
河北石家庄

寻味攻略
destination of taste
东北
松嫩平原

鱼头泡饼

● **主料**

胖头鱼鱼头，从下颚分成相连的两片
烙饼，切菱形块

● **辅料**

大葱，切段；姜，切片；蒜，切块；干辣椒；生抽；
老抽；高汤；盐

● **做法**

1. 在一口大锅内加入底油，烧热，放入大葱段、
姜片、蒜块、干辣椒，一起炒香；
2. 加入生抽、老抽，倒入高汤没过鱼头；
3. 加入盐，大火烧开后，转小火焖上 25 分钟，即
可出锅装盘；
4. 把切好的烙饼放在鱼头周围即可。

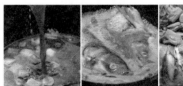

香煎马鲛鱼

寻味攻略
destination of taste
海南三亚

● **主料**

马鲛鱼，切块

● **辅料**

盐

● **做法**

1. 马鲛鱼片放入适量盐腌制半小时入味；
2. 锅内入油烧热，放入马鲛鱼片，煎到两边金黄
即可出锅装盘。

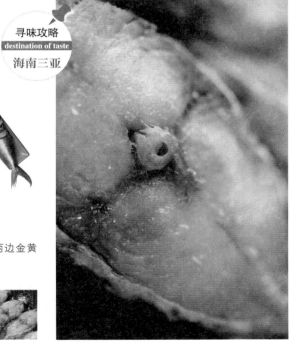

干锅黄骨鱼

● 主料

黄骨鱼

● 辅料

酱料;料酒;蒜瓣;八角;花椒粒;姜，切片;干辣椒;
葱，切段

● 做法

1. 将黄骨鱼飞水后油炸至熟，加入酱料、料酒，
炒匀装盘待用；
2. 锅内放底油，加蒜瓣爆香，放入八角、花椒粒、姜片，
待各种香料炸出香味时，加入干辣椒拌炒一会；
3. 加入炸好的黄骨鱼，放入葱段，轻炒均匀后装
入干锅中；
4. 将干锅加盖，开小火，焖 10 分钟即可。

春笋烧鮰鱼

● 主料

鮰鱼，去腮、去内脏、去头、切块

● 辅料

春笋，剥壳去皮，切块;葱，切长段;姜，切片;蒜，
切片;料酒;盐;胡椒面;熟猪油;淀粉，兑水调成
芡汁

● 做法

1. 锅内入底油烧热，下鮰鱼块、春笋块、葱段、
姜蒜片煸炒 1 分钟；
2. 下料酒、水，大火烧沸；
3. 下盐、胡椒面、熟猪油煮沸，改小火焖煮 15 分钟；
4. 加入芡汁，勾芡收汁即成。

寻味攻略
destination of taste
云南大理

洱海冻鲫鱼

● **主料**

鲫鱼，去鳞、去腮、去内脏，片成鱼片

● **辅料**

草果;八角;花椒粒;姜，切片;盐;香菜，切段;生抽;
蒜，捣成泥

● **做法**

1. 干锅将花生油烧至五成热，下鱼片煎炸 2 分钟;
2. 加清水，烧沸后撇去浮沫;
3. 下草果、八角、花椒粒、姜片，转小火煮 40 分钟;
4. 剔出草果、八角、花椒粒、姜片，放盐提味;
5. 盛出鱼片，浇原汤、撒香菜段，晾凉成鱼冻;
6. 生抽中加入蒜泥调成酱汁，蘸食即可。

● **主料**

鲫鱼
泡酸菜

● **辅料**

盐;泡红辣椒，切片;大葱，切葱花;姜，切末;蒜，
切块;老抽

● **做法**

1. 用刀在鱼两侧划细纹，用盐腌 10 分钟;
2. 锅中放底油，烧热至油面起烟，放入鲫鱼炸至
金黄，盛出待用;
3. 锅留适量油，放泡红辣椒片炒香至油呈红色，
下葱花、姜末、蒜块爆香倒入砂锅;
4. 砂锅内再加入水、老抽烧开，下鱼煮约 20 分钟
即成。

泡菜鲫鱼

寻味攻略
destination of taste
黑龙江
呼兰河

罗锅鱼片

● 主料

大黄鱼，去鳞、清除内脏
对虾，去头部沙包、去壳、剪去须脚、剔除沙线

● 辅料

猪油（炼制）;西红柿，部分切丁、部分切片;高汤;
葱，切末;姜，切末;白糖;料酒;盐;香糟;淀粉,
兑水调成芡汁;鸡油

● 做法

1. 大黄鱼用刀剖开，去掉脊骨，折成两扇鱼片,
切成四段;
2. 锅内入猪油烧热，对虾入锅，略翻炒即捞起沥油;
3. 锅内余油烧热，下西红柿丁翻炒成汁，加入高
汤烧开，下入对虾，放入部分葱姜末、白糖、料酒、
盐，转小火焖煮10分钟，以收汁为宜;
4. 另取炒锅入猪油烧热，鱼片下锅，过油后捞起;
锅内余油倒掉，加入鱼片、高汤、剩余葱姜末、香糟、
白糖、盐，小火慢煮约1分钟;
5. 对虾先起锅，放置长盘一侧;鱼片起锅时，用芡
汁勾芡，淋上鸡油，放置在长盘另一侧，中间摆
放西红柿片即可食用。

干煎鱼

● 主料

鳜鱼，去鳞、去内脏、去腮，开水烫5秒钟取出,
刮去黑皮，擦干待用

● 辅料

盐;青蒜，切段;香糟酒;白糖;料酒;面粉;鸡蛋,
打散

● 做法

1. 在鳜鱼身上切斜刀口，调匀盐，抹在鱼身切口处,
腌30分钟;
2. 将青蒜段与香糟酒、白糖、料酒兑成汁;
3. 将腌过的鳜鱼放入面粉中，沾一层面粉，再挂
上鸡蛋糊;
4. 锅内入底油，旺火烧热，将处理好的鳜鱼两面
各煎15分钟;调至小火，两面再各煎15分钟;
5. 滗油留鱼，旺火倒入兑好的汁，使汁均匀地沾
满鱼身;两面再煎片刻收汤即可。

寻味攻略
destination of taste
江西赣州

白醮鳙鱼头

● 主料

鳙鱼头，去腮、从中剖半

● 辅料

料酒；盐；葱，部分切末、部分切段；姜，部分切末、部分切片；蒜，切末；干辣椒，切末；生抽；老抽；花椒油

● 做法

1. 将鳙鱼头平摊盘中，用料酒和盐以及葱段和姜片腌制入味；
2. 葱姜蒜末、干辣椒末中加入生抽、老抽、花椒油拌匀调汁；
3. 鱼头入蒸锅，大火蒸制 15 分钟，扔掉葱段、姜片，倒掉汤汁；
4. 把鱼头放入菜盘中，倒入调汁即可。

酥烤鲫鱼

寻味攻略
destination of taste
江苏苏州

● 主料

小鲫鱼，刮鳞、去鳃、去内脏，鱼身切斜刀

● 辅料

酱瓜，切丝；酱子姜，切丝；葱，切丝；红椒，切丝；生抽；白糖；香醋；香油；黄酒；盐

● 做法

1. 用旺火将花生油烧至八成热，放入鲫鱼，炸至鱼身收缩、色呈金黄时用漏勺捞起沥油；
2. 将鱼放入砂锅内，在锅底和鱼身铺上酱瓜丝、酱子姜丝、葱丝、红椒丝；
3. 加入适量生抽、白糖、香醋、香油、黄酒、盐、清水，没过鱼身，先用大火烧沸，再用小火焖两小时收稠汤汁离火；
4. 将鱼放入盘内，鱼身覆盖上酱瓜丝、酱子姜丝、葱丝、红椒丝，淋上锅内原汁即成。

红烧鲳鱼

寻味攻略
destination of taste
上海

主料

鲳鱼

辅料

姜；蒜瓣；葱，切段；酱油；料酒；甜面酱；白糖；醋

做法

1. 锅置火上，放油烧至油面起烟，将鲳鱼划两刀放入略煎，捞出控油备用；
2. 锅中留底油，炒出红油，放姜片、蒜瓣、葱段，炒出香味后放入鲳鱼；
3. 加入酱油、料酒、甜面酱、白糖、醋和清水，大火烧开，小火焖熟即可。

锅贴鱼片

● **主料**

鳜鱼肉，切片

● **辅料**

盐；料酒；葱，切片；姜，切片；鸡蛋，取蛋清、兑入干淀粉调成稀糊；猪肥膘，煮熟晾凉、切厚片；生荸荠，去皮、切片；瘦火腿，切丁；香油；胡萝卜，去皮、切丝、用盐稍腌；生抽；白糖；醋；花椒面；辣椒油

● **做法**

1. 鳜鱼片用盐、料酒、葱姜片拌匀腌10分钟；
2. 剔出鳜鱼片中的葱姜片后，将鱼片挂上鸡蛋糊；
3. 在猪肥膘片上抹鸡蛋糊，依次将猪肥膘、荸荠片、火腿丁、鳜鱼片整齐地放入凉锅，淋少许油，上火，用中火煎烙，待肥膘变黄脆时，浇入热花生油，锅内下料酒、香油，铲出鱼片（肥膘在下），码入盘的一端，把萝卜丝用生抽、白糖、醋、花椒面、辣椒油拌匀，摆放在盘内另一端即可。

寻味攻略
destination of taste
四川成都

咸鱼贴饼子

寻味攻略 destination of taste 辽宁大连

● 主料

玉米面
咸鱼，切块

● 辅料

盐；花椒粉；葱，切末；姜，切末；青辣椒，切段；
料酒；糖；花生米；香油

● 做法

1. 在盆内加入玉米面、盐、花椒粉揉匀揉透，然后搓成长条，分成大小均匀的面剂，擀成直径约25厘米的大圆饼；
2. 锅内倒入底油烧热，放入圆饼，待饼底部烙黄时，在饼面刷上一层油，翻身烙黄烙熟；
3. 咸鱼放油中炸透，捞出后，锅内放底油，葱姜末烹锅，随即加入青辣椒段煸炒，加入咸鱼，饼子切成 1～2 厘米的象眼块入锅，加料酒、少许糖炒透，加花生米炒匀，淋香油即成。

鲤鱼焙面

寻味攻略 destination of taste 河南开封

● 主料

鲤鱼，两侧剞成瓦楞花纹
龙须面

● 辅料

盐；鸡蛋，打散；淀粉，部分兑水调成芡汁；胡椒；
白糖；醋；葱，切段；姜，切片；料酒

● 做法

1. 将鱼抹少许盐腌 10 分钟；
2. 将鸡蛋、淀粉、盐、胡椒搅成浆，抹在鱼身上；
3. 将鱼放入热油锅内炸透，捞出；
4. 在锅内放入白糖、醋、葱段、姜片、料酒、盐，倒入开水，用旺火热油烘汁，至油和糖醋汁全部融合，放进炸鱼，泼上芡汁即成；
5. 龙须面过油炸焦，使其蓬松酥脆，覆盖在鱼身上。

赣州小炒鱼

寻味攻略
destination of taste
江西赣州

● 主料

鲜活鱼，清除内脏、切成头身尾三段，鱼身去皮切薄片

● 辅料

鸡蛋，取蛋清；淀粉；生抽；老抽；葱，切段；姜，切片；青红椒，切片；陈醋；香菜，切末

● 做法

1. 鱼肉和鱼骨用蛋清和淀粉抓匀；
2. 清水、生抽、老抽、适量淀粉搅拌均匀调成芡汁；
3. 锅内入底油烧热转中火，鱼头和鱼尾沾上剩余淀粉下锅，炸制2分钟后捞起装盘；接着放入鱼身肉片和鱼骨滑散后即捞起沥油；
4. 锅内余油烧热，放入葱段、姜片、青红椒片炒香；
5. 放入鱼身肉片和鱼骨，加陈醋，继续翻炒爆香；
6. 倒入芡汁翻炒均匀，倒入鱼头和鱼尾之间，撒上香菜末即可。

生熏马哈鱼

寻味攻略
destination of taste
黑龙江
哈尔滨

● 主料

马哈鱼，切去头尾、片成两片、剔去刺骨

● 辅料

葱，切段；姜，切片；芹菜，切段；绍酒；五香粉；鲜味料；香油；盐；白糖；茶叶

● 做法

1. 将处理好的马哈鱼在清水中浸泡15分钟；
2. 取出鱼肉，用葱段、姜片、芹菜段、绍酒、五香粉、鲜味料、香油、盐腌制3小时；
3. 将白糖、茶叶均匀地铺在锅底，上面放一个箅子，开火加热白糖和茶叶；
4. 将腌好的鱼肉放在箅子上，中火熏至锅起黄烟，关火，把鱼肉翻个，再开火熏制15分钟；熏好的鱼肉用香油刷匀即食。

寻味攻略
destination of taste
陕西西安

奶汤锅子鱼

● **主料**

黄河鲤鱼，去鳞、去内脏，劈成两半，去脊骨，横片切成瓦块形

● **辅料**

葱，切段；姜，切片；盐；料酒；上汤；面粉；鲜牛奶；顶汤；香菇，切片；火腿，切片；冬笋，切片；绍酒；西凤酒

● **做法**

1. 锅内放入油烧沸，下鱼块煎至金黄色；
2. 倒入葱段、姜片、盐、料酒、上汤煨味；
3. 出锅装盘，保持鱼身形状完整；
4. 另起锅，放油烧热，下面粉稍炒，再加入鲜牛奶、顶汤、葱段、姜片烧开，放香菇片、火腿片、冬笋片、盐、绍酒，撇去浮沫；
5. 将做好的汤倒入铜质鱼锅内，点燃铜质锅底的西凤酒，倒入鱼块，烧沸即可。

苗族腌鱼

● **主料**

鲤鱼

寻味攻略
destination of taste
湖南湘西

● **辅料**

糯米；红辣椒，部分切末；姜，切片；盐

● **做法**

1. 将糯米炒熟，放入盆中；
2. 向盆中加入红辣椒末、姜片、盐，用筷子在碗中不断搅拌，直至均匀；
3. 将鱼洗净，用刀从尾部开始将鱼切成两半（不切断），去除鱼刺，将调好的调料均匀撒在鱼肉上，然后裹好鱼肉；
4. 将鱼置入木桶中，将鱼层层重叠压紧后，再放入几根新鲜红辣椒、撒上一些盐；
5. 压上重石，1个月以后即可开桶食用。

139

黄豆酸笋小黄鱼

寻味攻略
destination of taste
广西柳州

● **主料**

小黄鱼
黄豆，浸泡 8 小时
酸笋，去皮，剖开，切块

● **辅料**

小葱，切段；蒜，切块；姜，切丝；红椒，切段；高汤；
生抽；盐

● **做法**

1. 锅内倒入足量的油，大火烧热将小黄鱼炸透捞
出，沥油待用；
2. 锅烧热下入底油，下入小葱段、蒜块、姜丝炒
出香味，加入泡好的黄豆、红椒段持续翻炒至均
匀沾满底油；
3. 下入炸好的小黄鱼持续翻炒至均匀沾满底油；
4. 下入笋块，倒入高汤，加生抽、盐，将笋块炒软
即可出锅装盘。

三丝敲鱼

寻味攻略
destination of taste
浙江温州

● **主料**

鮸鱼，去刺取净肉、切片

● **辅料**

淀粉；青菜心；清汤；盐；料酒；水发香菇，切丝；
鸡胸肉，切丝；火腿，切丝；鸡油

● **做法**

1. 在砧板上放上淀粉，用小木槌将鮸鱼片敲成粘
面鱼片；
2. 清水烧沸，将鱼片落锅煮熟，捞出入冷水过凉；
3. 把煮熟后的鱼片和青菜心放入沸水锅中氽一下，
捞起沥干；
4. 炒锅中倒入清汤，放进鱼片、青菜心、盐、料酒，
用中火烧沸，撇去浮沫，放入香菇丝、鸡胸肉丝、
火腿丝，淋上鸡油，起锅盛入汤盘即可。

寻味攻略
destination of taste
江西南昌

辣味咸鱼

● **主料**

青鱼，切小块，用盐、黄酒拌匀后腌制2天

● **辅料**

红椒，去籽、切丝；蒜，拍碎；姜，切丝；盐；生抽；
黄酒

● **做法**

1. 锅内油烧至六成热，下腌好的鱼块，煎至金
黄色后用漏勺捞出；
2. 另起锅，热油爆香红椒丝、拍碎的蒜瓣、姜丝，
放盐、生抽、黄酒，迅速将煎好的鱼块下锅煸炒，
炒熟后拣出其他辅料不用，将鱼块装盘。

太湖三白

寻味攻略
destination of taste
江苏
太湖流域

● **主料**

白鱼，带皮削片
白米虾
银鱼

● **辅料**

北豆腐，切小块；鸡汤；绍酒；盐；胡椒面

● **做法**

1. 北豆腐块在沸水中焯一下，捞出铺满砂锅底部；
2. 白鱼片、白米虾、银鱼整齐摆放在北豆腐片上，
一层一层填满砂锅；
3. 砂锅中加入鸡汤、绍酒，上中火煲制，熟后再
加盐、胡椒面调味即可。

141

寻味攻略
destination of taste
湖北沔阳

沔阳三蒸

● **主料**

草鱼，切块
三层五花肉，切厚片
茼蒿

● **辅料**

盐；生抽；姜，切末；料酒；米粉；熟猪油；白糖

● **做法**

1. 在鱼肉中加入盐、生抽、姜末、料酒、米粉、熟猪油拌匀，腌制 20 分钟；
2. 五花肉片加盐、姜末、生抽、白糖腌制 10 分钟；
3. 在茼蒿中加入盐、白糖、熟猪油、米粉搅拌均匀；
4. 将鱼肉上笼屉蒸 10 分钟；
5. 将茼蒿上笼屉蒸 6 分钟；
6. 将五花肉上笼屉蒸 50 分钟；
7. 将蒸好的这三种菜肴一起端上餐桌即可食用。

柠檬乌头

寻味攻略
destination of taste
广东广州

● **主料**

新鲜海水乌头鱼，切花刀、将乌头鱼用盐腌制 10 分钟
柠檬，切片

● **辅料**

香芹，取茎切段；姜，切丝；蒜瓣，拍碎；料酒；葱，切丝

● **做法**

1. 把香芹段、姜丝、蒜碎、一半柠檬片放入乌头鱼肚，鱼身上撒少许料酒；
2. 在鱼身均匀地划三刀装盘，放入蒸锅，大火蒸制 8 分钟取出；
3. 撒上葱丝，用剩下的柠檬挤出柠檬汁淋在鱼身上即可。

面拖小黄鱼

寻味攻略
destination of taste
上海

● 主料

小黄鱼

● 辅料

盐；酒；胡椒粉；葱，切末；姜，切末；面粉；猪油；
酵母粉

● 做法

1. 将小黄鱼加入盐、酒、胡椒粉、葱姜末拌匀后
腌渍入味，大约腌 10 分钟；

2. 将面粉放在大碗内，加盐和适量冷水调成面粉
糊，再加入猪油、酵母粉拌和后待用；

3. 将炒锅烧热，放入油，待油烧到六成热时，把
小黄鱼一条条蘸上面粉糊，放在油锅中炸，一边
炸一边捞出，油一直保持六成热，油面向四周翻动，
鱼的周围有大量气泡包裹；

4. 待鱼炸完后，再全部回锅炸至金黄色，酥脆香松，
捞出沥去油装盘即成。

梁溪脆鳝

寻味攻略
destination of taste
江苏无锡

● 主料

鳝鱼

● 辅料

盐；醋；面粉；葱，切葱花；姜，切末；料酒；白糖；
酱油；香油

● 做法

1. 鳝鱼放入开水锅中，加入盐和醋，煮 3 分钟左右，
煮至鱼嘴张开，身体卷起，捞出冲凉；

2. 用牙签划出鳝丝，剔除鳝鱼的三角骨、鳝鱼的
内脏，清洗干净，沥干水分，拍面粉，入油锅中
高温炸至酥脆；

3. 锅中放少许油，加入葱花、姜末煸香，加入料酒、
白糖、酱油、香油等调好酱汁，倒入炸好的鳝丝
翻几下，让酱汁裹匀鳝丝，出锅装盘，撒上姜末
即可。

响油鳝丝

● 主料

鳝鱼切段

● 辅料

姜,部分切片,部分切末;黄酒;白醋;香葱,部分切段,部分切末;蒜,切末;黄酒;老抽;蚝油;白砂糖;白胡椒粉;盐;生粉;香油

● 做法

1. 将鳝鱼放入一个大号深锅,上面压上一个竹箅子;

2. 另起一锅,加水烧开,在水中放姜片、黄酒、白醋、香葱段,待水煮沸后,将水迅速倒入装有鳝鱼的深锅,将鳝鱼烫至六成熟,捞出冲洗干净;

3. 炒锅中放入油,大火烧至四成热,放入葱姜蒜末煸炒片刻,马上放入鳝鱼煸炒至散发香味;

4. 锅中烹入黄酒、老抽、蚝油搅拌均匀,加入白砂糖、白胡椒粉、盐翻炒均匀;

5. 生粉放入碗中,加入冷水搅拌均匀,淋入锅中搅拌均匀,使所有鳝鱼都均匀地裹上一层酱汁;

6. 将鳝鱼淋入少许香油后盛入盘中,在中间用勺压出一个小窝,将剩余部分的香葱末、蒜末放入窝中,将适量白胡椒粉撒在表面;

7. 另起炒锅,加油烧热后加入香油,大火烧至九成热,将油一部分淋在装有葱末和蒜末的小窝中,剩余部分淋在鳝鱼上。

干煸鳝段

● 主料

鳝鱼,切段

● 辅料

泡姜,切片;泡蒜,切片;泡辣椒,切段;干辣椒,切段;郫县豆瓣酱;芹菜,切段;生抽;白糖;高汤;醋;香油;葱,切葱花;淀粉,兑水调成芡汁

● 做法

1. 锅内加入底油,烧开,下鳝鱼段,炸至鱼段干脆后捞出;

2. 锅中留余油,下泡姜片、泡蒜片、泡辣椒段、干辣椒段、郫县豆瓣酱爆香;

3. 下鱼段、芹菜段、生抽、白糖煸炒,加高汤小火继续煮,待汤汁收干时,加入醋、香油、葱花,用芡汁勾芡,起锅装盘。

爆墨鱼卷

寻味攻略
destination of taste
浙江舟山

● 主料

墨鱼，鱼肉剖麦穗花刀、切长方块

● 辅料

盐；高汤；黄酒；清汤；淀粉；熟猪油；葱，切葱花；姜，切末；蒜，切末；青椒，切片；红椒，切片

● 做法

1. 将盐、高汤、黄酒、清汤、淀粉放入小碗调成芡汁；
2. 取两个炒锅，同时放置火上，一只加水烧沸，一只加入熟猪油烧热；
3. 将墨鱼投入沸水锅中一氽，立即捞出，沥去水；
4. 将墨鱼投入油面起烟的油锅中炸至八成熟沥出；
5. 锅中留底油，加入葱花、姜蒜末、青红椒片煸香，倒入墨鱼炒匀；
6. 烹入调好的芡汁，颠翻炒锅，使卤汁紧包墨鱼卷，浇上明油即成。

香烤乌鱼子

寻味攻略
destination of taste
台湾云林

● 主料
乌鱼子

● 辅料
米酒

● 做法

1. 将乌鱼子放入米酒中浸泡 5 分钟，去掉一层薄皮；
2. 放在酒精火焰上烤至皮发泡发黄，用片刀片成薄片。

寻味攻略
destination of taste
辽宁大连

鱼丸紫菜煲

寻味攻略
destination of taste
广东
潮汕地区

● **主料**

鱼丸
紫菜

● **辅料**

料酒;醋;芹菜,切段

● **做法**

1. 准备鱼丸和紫菜;
2. 锅内水烧开,加鱼丸煮 10 分钟;
3. 加紫菜和料酒、醋、油;
4. 放入芹菜段煮 3 分钟即可。

拌海蜇

● **主料**

海蜇皮,切片

● **辅料**

盐;鱼露;老醋;酱油;香油;花椒粒;白芝麻;葱,
切圈

● **做法**

1. 海蜇皮用开水烫一下,浸入凉水中使其反脆;
2. 将盐、鱼露、老醋、酱油、香油放入碗中混合均匀,
制成调料;
3. 锅中放底油,油两成热时放入花椒粒慢慢浸出
香味,将花椒粒捡出,制成麻油;
4. 取干净无水的小碗,放入白芝麻,倒入麻油放凉;
5. 将海蜇皮倒入调料碗,用筷子搅拌均匀后装盘;
6. 将麻油淋在海蜇皮上放几片葱圈点缀即可。

寻味攻略
destination of taste
江苏徐州

彭城鱼丸

● 主料

鲜鲤鱼，斩下头尾、取下净肉
猪肥膘肉

● 辅料

鸡蛋，取蛋清；葱，部分切段；姜，部分切片；剩余葱姜，打碎取汁；盐；鸡汤；粉丝，水发、剁碎；绍酒；淀粉，部分兑水调成芡汁；熟猪油；菜心；火腿，切片；冬菇，水发、切片；香油

● 做法

1. 将鱼净肉同猪肥膘肉一起剁成肉泥；加鸡蛋清、葱姜汁、盐、鸡汤，搅成糊后加入粉丝、绍酒、淀粉，调成鱼粉糊；

2. 在锅中加入冷水，将鱼粉糊搓成大球形，放入锅内煮至水沸时，鱼丸即熟，捞出备用；

3. 另起锅舀入熟猪油，放入葱段、姜片炸香后舀入鸡汤，捞出葱段、姜片，倒入鱼丸、菜心、火腿片、冬菇片，加盐、绍酒，烧沸后用芡汁勾芡，淋入香油，出锅装盘。

酸辣鱼羹

寻味攻略
destination of taste
河南

● 主料

鲤鱼

● 辅料

高汤；姜，切丝；冬笋，切丝；水发香菇，切丝；盐；绍酒，胡椒粉；醋；淀粉，兑水调成芡汁；香油；香菜叶

● 做法

1. 把鱼上笼蒸熟取出，剔净鱼骨，鱼肉撕成0.5厘米厚、2厘米长的小块；

2. 炒锅放旺火上，添入高汤，放入姜丝、冬笋丝、香菇丝和鱼肉，再投入盐、绍酒、胡椒粉，汤沸后，用醋将芡汁勾入汤内，出锅前淋入香油。香菜叶放入碟中，同汤一起上桌。

锅烧河鳗

● 主料

河鳗，去内脏、头、尾，切段

● 辅料

葱，切长段；猪板油，切丁；姜，切片；桂皮；绍酒；
高汤；生抽；白糖；玫瑰米醋；香油

● 做法

1. 冷锅热油，放入葱段爆香；

2. 将河鳗段码在葱段上，依次放入猪板油丁、姜片、
桂皮，倒入绍酒、高汤烹煮；

3. 汤沸后，改小火焖煮 30 分钟；

4. 剔除姜片、葱段、桂皮，下生抽、白糖、玫瑰米醋，
旺火烧至汤汁浓稠；

5. 收汁，淋香油即可。

鲈鱼莼菜羹

● 主料

鲈鱼肉，切丝
莼菜，切丝、浸泡

● 辅料

笋，切丝；胡萝卜，切丝；香菇，切丝；姜，切丝；
淀粉，兑水调成芡汁；醋；盐

● 做法

1. 将鲈鱼丝放入热油中稍加煸炒，备用；

2. 将笋丝、胡萝卜丝、香菇丝、姜丝倒入沸水中
焯烫，焯菜水盛出备用；

3. 另起锅焯烫莼菜丝；

4. 另起锅，焯菜水煮沸，倒入焯好的笋丝、胡萝
卜丝、香菇丝、姜丝、炒好的鲈鱼丝，熬煮；

5. 加芡汁勾芡，搅拌均匀，关火；放入莼菜丝，加醋、
盐即可。

开胃鱼面

寻味攻略
destination of taste
四川成都

● 主料

鲶鱼肉，剁碎
水发宽汤粉

● 辅料

盐；鸡蛋，取蛋清；淀粉，兑水调成芡汁；高汤；醋；
蚝油；浓缩鸡汁；花椒油；特制老抽；葱，切葱花

● 做法

1. 鱼肉加盐、鸡蛋清、芡汁、部分高汤拌匀后，
用制作蛋糕的裱花袋挤成面条形，下开水烫熟；
2. 另起一锅加水烧开，将水发宽汤粉煮熟，装碗
备用；
3. 另起锅加入剩下的高汤，烧开后下盐、醋、蚝油、
浓缩鸡汁、花椒油、特制老抽，调成酸汤汁；
4. 将调好的酸汤汁倒在宽汤粉上；放上烫熟的鱼
肉，撒上葱花即可。

艇仔粥

寻味攻略
destination of taste
广东荔湾

● 主料

粳米，冷水中浸泡 30 分钟，沥干备用
干鱿鱼，泡发切丝后用热水焯后备用
猪肚，切片，用热水焯后备用

● 辅料

盐；花生，去红衣后焯水；籼米粉；干贝，温水泡
发、切碎；猪肉皮，切丝、入锅煮烂；叉烧；油条，
撕成小块；香葱，切末；姜，切丝；生抽；猪油

● 做法

1. 将花生炸至金黄色时捞起后，籼米粉下锅炸香；
2. 汤锅加入足量水烧开，放入粳米、猪肚、干贝粒、
猪皮丝，再次烧开后慢火细煨，加入盐调味；
3. 将炸好的花生、籼米粉、叉烧、鱿鱼丝、油条
块放入碗中，倒入滚粥，放入香葱末、姜丝、生抽、
猪油调味即可。

虾

中国人吃虾，清蒸、油焖似乎是固定样式。精选的鲜活对虾，放清水中静养两日，待其吐尽泥沙，沿背壳细细剪开，上笼蒸或下油锅焖煮，渐至红酽，虾壳柔软，肉质细嫩，浓郁的滋味辗转于舌尖心头。偶尔换换口味，或酒渍或煎烤，做一道别出心裁的料理。当味觉尝试着去接受丰富多样，生活说不定也会有更多惊喜和生机。

· TIPS ·

1. 虾中所含微量元素能很好地保护心血管系统，减少血液中胆固醇含量，防止动脉硬化，还能扩张冠状动脉；

2. 烹饪前，将鲜虾放入清水中，加几滴油或淡盐水喂养一天，以促其吐尽泥沙和杂质；

3. 虾仁冲洗干净后用纱布充分吸干水分，可以避免炒的过程中虾仁缩水。

清蒸大虾

寻味攻略
destination of taste
广东

● **主料**

大虾，剪去虾须、虾腿，摘去沙袋，挑除沙线

● **辅料**

料酒；葱，切段；姜，一半切菱形片、一半切末；高汤；香醋；生抽；香油

● **做法**

1. 将虾摆在盘中，加入料酒、葱段、姜片和高汤，上笼蒸10分钟取出，拣出葱段和姜片后装盘；

2. 用香醋、生抽、姜末和香油兑成汁，用大虾蘸食即可。

蒜蓉蒸虾

● 主料

大虾，剪去虾须、虾腿，摘去沙袋，挑除沙线

● 辅料

虾用米酒；葱，切段；姜，切片；粉丝；蒜，切末、拌盐；豆豉，切碎、用油炒香；干辣椒末；生抽；白糖

● 做法

1. 将处理好的虾用米酒、葱段、姜片腌制 10 分钟；
2. 将粉丝用开水烫熟，取一只盘子，用烫过的粉丝垫底，码放腌制好的虾；
3. 在虾上放蒜末及炒香的豆豉碎；
4. 蒸锅中放冷水烧至沸腾，放入码盘的虾，大火蒸 5 分钟；
5. 将虾趁热取出，撒上干辣椒末和白糖，淋上生抽，把油烧热浇在上面即可。

油焖大虾

● 主料

大虾，剪去虾须、虾腿，摘去沙袋，挑除沙线

● 辅料

料酒；姜，切片；糖；盐

● 做法

1. 将大虾加少许料酒腌制去腥；
2. 锅中倒油，油五成热时放入姜片煸炒出香味后放虾，在煎的过程中不断用勺子按压虾头使虾脑流出；
3. 待虾的一面变红后翻面继续翻炒；
4. 虾皮煎脆后放入糖、盐、水，盖锅盖，小火焖至汤汁黏稠出锅即可。

干焖大虾

● 主料

大虾，剪去虾须、虾腿，摘去沙袋，挑除沙线

● 辅料

熟猪油；葱，切葱花；姜，切末；蒜，切末；糯米酒；香醋；西红柿，榨汁；白糖；盐；榨菜，切末；高汤

● 做法

1. 烧热炒锅，将熟猪油烧温热后，舀出一部分备用，下葱花、姜蒜末略炒；

2. 放入处理好的大虾，并用炒菜铲按压虾头将虾油挤出，炒至虾身渐成红色；

3. 用勺翻炒几分钟，加糯米酒、香醋、西红柿汁、白糖、盐、榨菜末等调料，再加高汤并移微火收汁，淋熟猪油即可。

油爆虾

● 主料

河虾，洗净备用

● 辅料

干辣椒，切段；葱，切丝；姜，切末；高汤；盐；白糖；醋；生抽；料酒；香油

● 做法

1. 热锅加油烧至高温，倒入河虾，翻动数下迅速捞起，稍稍沥干油后，再放入锅中，如此反复三次；

2. 锅内留少许油，加干辣椒段、葱丝、姜末煸香，倒入高汤，加盐、白糖、醋、生抽后翻炒数下，烹入料酒搅匀，待汁液变稠时，倒入河虾，翻炒数下，淋上香油即可。

炝三鲜

● 主料

水发海参，切抹刀片、焯水
鸡胸肉，切抹刀片、焯水
鲜虾仁，焯水

● 辅料

冬笋，切片、焯水；火腿，切片；盐；花椒粒；鲜姜，
切丝

● 做法

1. 将焯好的海参片、鸡胸肉片、鲜虾仁、冬笋片、
火腿片一起放入沸水锅中过一下水，再放入盆中，
加入盐、姜丝搅拌均匀；
2. 干锅放入少许豆油，放入花椒粒，炸成花椒油，
趁热泼在已拌好的食材上，搅拌均匀即可。

盱眙龙虾

● 主料

小龙虾

● 辅料

葱，切丝；姜，切丝；蒜，切片；花椒粒；干辣椒，
切丝；料酒；盐；白糖；十三香

● 做法

1. 锅内入底油，放葱姜丝、蒜片炝锅，加花椒粒、
干辣椒丝炒出香味；
2. 放入小龙虾大火翻炒，加入料酒、盐、白糖继
续翻炒2分钟；
3. 加入清水没过小龙虾，中火焖煮。汤滚后加
十三香，改大火快速翻炒至熟即可。

醉虾

● 主料

河虾

● 辅料

姜,切末;蒜,切末;青椒,切末;红椒,切末;白糖;
蒸鱼豉油;鲜贝露;陈醋;枸杞;黄酒

● 做法

1. 先将鲜河虾放在清水里过滤下体内的泥沙,对
虾枪、虾须、虾脚进行简单修剪;

2. 将姜、蒜、青红椒切成细末,倒进碗内,然后
把白糖、蒸鱼豉油、鲜贝露、陈醋拌匀成汤汁,
静置 10 分钟,使汤汁入味;

3. 再把枸杞、黄酒倒入有盖的玻璃器皿中,把鲜
活虾从清水中捞起冲洗一遍,倒入黄酒中,盖上盖;

4. 鲜虾开始在玻璃器皿里四处跳动,待跳动能力
慢慢减弱时,把调好的汤汁倒进玻璃碗内,盖上
盖直到碗里面虾不再跳动即可食用。

虾籽冬笋

● 主料

冬笋,切成梳子背形的片
虾籽

● 辅料

葱,切段;姜,切菱形片;高汤;料酒;生抽;盐;白糖;
淀粉,兑水调成芡汁;香油

● 做法

1. 将冬笋片放开水中焯至断生,放冷水中冷却透;

2. 将冬笋片放入五六成热的油中炸 5 分钟,捞出
沥油放入盘中备用;

3. 锅烧热注入油,放入葱段、姜片炸出香味,捞
出葱姜,放入虾籽煸炒,加入高汤、冬笋、料酒、
生抽、盐、白糖,用小火将汤汁烧至浓稠;

4. 用少许芡汁勾芡,淋上香油,装盘即成。

寻味攻略
destination of taste
上海

红焖虾

● 主料

大虾，剪去虾须、虾腿，摘去沙袋，挑除沙线

● 辅料

料酒；生抽；醋；白糖；小葱，切葱花；姜，切片；盐

● 做法

1. 将大虾放入盆中倒入料酒拌匀；

2. 将生抽、醋、白糖、清水半碗调匀；

3. 锅内入底油烧热后，放大虾两面煎成漂亮的红色，出虾油后，盛出虾；

4. 把葱花、姜片放入虾油锅中爆香，倒入调料汁再次爆香；

5. 放入煎好的大虾，加盐调味，盖锅用小火焖2分钟。最后用中火收汁，稍浓即可。

虾酱

寻味攻略
destination of taste
香港、
胶东地区

● 主料

小白虾、眼子虾、蚝子虾、糠虾等小型虾类

● 辅料

盐；茴香；花椒粒；桂皮

● 做法

1. 将虾用盐拌匀，装入真空玻璃罐封存，气温高、虾鲜度差时，可适当多加盐；

2. 每天两次，每次20分钟，用杵将虾捣碎，连续20天左右，至其色泽微红即可；

3. 在加盐时，同时加入茴香、花椒粒、桂皮等香料，混合均匀，以提高虾酱的香味。

香炸琵琶虾

● 主料

凤尾虾，剥壳、去头、留尾

● 辅料

虾仁；肥猪肉；鸡胸肉，剁末；鸡蛋，取蛋清；淀粉；盐，胡椒粉；黄酒；香菇，去蒂、切丝；冬笋，煮熟、切丝；熟猪油；面粉；香油；芝麻

● 做法

1. 将虾仁、肥猪肉、鸡胸肉剁末，加蛋清、淀粉、盐、胡椒粉、黄酒，搅拌上劲；
2. 再放入香菇丝、冬笋丝，继续搅拌，制成虾馅；
3. 在汤匙上抹少许熟猪油，放入凤尾虾，用虾馅抹平，使虾尾露出汤匙；
4. 放入蒸锅旺火蒸5分钟，取出晾凉，将虾倒入盘中；
5. 用蛋清、面粉、淀粉、香油调成酥糊；
6. 将蒸好的琵琶虾蘸糊，沾上芝麻；
7. 加热熟猪油，将琵琶虾放入炸至金黄，捞出沥油，放入盘中即可。

红烧全虾

● 主料

全对虾，剪去虾须、虾腿，摘去沙袋，挑除沙线

● 辅料

姜，切片；葱，切段；绍酒；白糖；盐

● 做法

1. 将处理好的对虾加姜片、葱段、植物油煸炒；
2. 加绍酒、白糖、盐，继续用小火炒，待汤汁收净后即可装盘。

太极明虾

寻味攻略
destination of taste
福建福州

● **主料**

虾，剔去虾线
净牙片鱼肉，剁成蓉
菠菜，打成菜泥

● **辅料**

葱，切葱花；姜，切末；高汤；海鲜辣酱

● **做法**

1. 锅内入水烧开，将虾肉煮熟；
2. 将鱼肉蓉加葱花、姜末、水等调匀，把鱼肉蓉与菜泥加工成太极形状，上屉蒸熟，浇高汤，围摆盘边；
3. 将虾肉摆入盘中，点海鲜辣酱，撒上葱花即可。

鲜虾饼

主料

面粉
虾仁，剁成蓉

辅料

油酥面；盐；料酒；鸡蛋，蛋清与蛋黄分别打散、加水搅拌；淀粉

做法

1. 面粉加水、油，和成面团，再将油酥面放入面团中，揉匀揉滑，搓条、揪剂；
2. 虾蓉中加入盐、料酒、鸡蛋清液和淀粉拌匀，制成虾馅；
3. 将剂压扁，放入虾馅，包成圆形，再按压成饼形；刷上鸡蛋黄液，撒上芝麻；
4. 在烤盘上稍洒花生油铺底，放入做好的饼坯，中火烤；待饼烤成浅黄色时，翻过来再洒些花生油，烤至金黄色即熟。

寻味攻略
destination of taste
广东大良

寻味攻略
destination of taste
浙江宁波

苔菜烤白虾

● 主料

苔菜干，剪成片
白虾

● 辅料

葱白，切末；姜，切末；红椒，切末；椒盐

● 做法

1. 干锅入油烧至三成热，倒入苔菜干片，炸至酥松，变葱绿色，捞出备用；
2. 另起锅热油，烧至五成熟，倒入白虾，炸至虾壳酥软，捞出备用；
3. 另起锅，少油煸炒葱白末、姜末，放入炸好的苔菜干片、白虾，撒入红椒末、椒盐，翻炒出锅。

汕尾虾蛄

寻味攻略
destination of taste
广东汕尾

● 主料

虾蛄

● 辅料

盐；姜，切丝；香葱，切末

● 做法

1. 锅内放入清水，加入盐和姜丝烧开，放入虾蛄，中火煮制约3分钟；
2. 当虾蛄肉变成红色时，即捞出装盘，撒上葱末即可。

银丝虾球

● **主料**

鲜虾

粉丝，掰碎

● **辅料**

盐；酱油；淀粉；姜，切末

● **做法**

1. 将虾去头去尾去虾线，剁成蓉，加入盐、酱油、淀粉、姜末，顺着一个方向搅拌；

2. 搅拌均匀后，用手攒揉成丸子，沾满粉丝碎；

3. 锅内下重油，加热至油面起烟，下入沾好的虾球，炸至金黄即可出锅。

水晶虾冻

● **主料**

大虾，去壳、去头尾、剥出虾仁

● **辅料**

盐；葱，切段；姜，切菱形片；料酒；香菜，取嫩叶；高汤；琼脂，清水浸泡

● **做法**

1. 将大虾仁放入大碗，加清水用筷子沿一个方向打，除去红筋、血水，捞出沥干，加少许盐腌至入味；

2. 盆中倒入适量清水放在锅中煮沸，加入葱段、姜片、料酒、虾仁，待虾仁煮熟呈白色，捞出沥干水分；

3. 将虾仁依次放入大小相同的玻璃模子里，然后在模子上依次点缀上香菜叶；

4. 另起锅置火上，注入高汤，烧沸后撇去浮沫，改小火，放入琼脂熔化后，加盐、料酒调味，烧沸后再撇去浮沫，盛出汤汁，用细纱布过滤后用小勺依次倒在虾仁上，待琼脂高汤凝结成冻后，将玻璃模子倒扣在盘中切块即可。

干炸虾仁

寻味攻略
destination of taste
山东威海

● 主料

虾，取出虾仁，挑去虾线

● 辅料

盐；高汤；料酒；小苏打；蛋清；淀粉；椒盐

● 做法

1. 将虾仁放入碗中，加盐、高汤、料酒、小苏打搅匀，腌制 10 分钟；
2. 碗中加鸡蛋清、淀粉、少许水调成薄糊；
3. 锅内放油烧热，将虾仁裹拌入薄糊，逐个下入油中，炸至两面金黄时捞出；
4. 随蘸料椒盐一起上桌即可。

龙井虾仁

寻味攻略
destination of taste
浙江杭州

● 主料

河虾，取出虾仁、挑去虾线

● 辅料

龙井新茶；盐；鸡蛋，取蛋清；淀粉；绍酒

● 做法

1. 龙井新茶放入茶杯中，用沸水冲开，滤出茶叶，茶叶和茶水放置备用；
2. 将虾仁放入碗中，加入盐、蛋清，用筷子顺着一个方向搅拌至有黏性，放入淀粉拌匀；
3. 锅内入底油烧热，转中火，放入虾仁迅速滑散，变色后立即捞起沥油备用；
4. 锅内留少许余油烧热，虾仁入锅，加入茶叶、茶水翻炒，放入绍酒和盐，翻炒均匀即可出锅装盘。

交通的便利使内地许多城市也能见到海鲜大排档，长长的一条街上，扇贝、牡蛎、生蚝……在咕嘟着氧气的清水中安静等待着食客的挑选。贝类，贵在新鲜肥美。刚出水的贝是最美味的，那种本色本味、纯粹可口的感觉，常常让人过口难忘，其汁鲜味美、花样多变的特色更增加了大众的喜爱。贝类的鲜，足以撞开舌尖上的味蕾。

贝

· **TIPS** ·

1.烹制前，可将贝类放入清水中养2～3天，每天勤换水，以促其吐沙，这期间可放入少许香油，比较新鲜的贝类在浸泡时双壳会开启"吐"泥沙，双壳始终紧闭的则不新鲜；

2.烹制时，水焯、油触的时间要短，以保证肉质的脆嫩，不宜用滚水汆烫，会使肉质变老，影响口感。

蒜蓉粉丝蒸扇贝

● **主料**

扇贝
粉丝

寻味攻略
destination of taste
渤海湾地区

● **辅料**

姜，部分切片、部分切末；干豆豉；黄酒；生抽；高汤；花椒粒；小葱，切葱花；蒜，切末

● **做法**

1. 把扇贝的一面贝壳仔细刷干净，用流动水冲干净贝柱和裙边，然后用小刀将整块肉撬掉，沥干水分；

2. 粉丝用水泡软后，分成小份分别放入每个贝壳铺底，然后把一块贝柱肉放在粉丝上面；

3. 中小火先加热油，爆香姜片和干豆豉，改小火后，调入黄酒、生抽和高汤（或水），然后取出姜片，将剩下的豆豉油汁均匀地浇在扇贝肉和粉丝上；

4. 将淋好调味汁的扇贝装碟摆好，放入锅中隔水蒸5～8分钟。最后在锅中放少量油，炒香花椒粒、葱花、姜末和蒜末，关火，均匀铺放在蒸好的每只扇贝上即可食用。

寻味攻略
destination of taste
辽宁大连

烧烤扇贝香

- ● 主料

扇贝

- ● 辅料

蒜味烤肉酱

- ● 做法

1. 将扇贝排入烤盘中，再将蒜味烤肉酱依次倒入扇贝上；

2. 烤箱先预热至 200℃，放入烤盘，烤约 20 分钟，至熟后夹取出，放入盘中即可食用。

蚝仔煎

寻味攻略
destination of taste
福建厦门

- ● 主料

珠蚝

- ● 辅料

番薯粉；青蒜，切段；生抽；熟猪油；鸭蛋；鸡蛋；香油

- ● 做法

1. 将珠蚝肉、番薯粉、青蒜段、生抽加水搅拌均匀浆制；

2. 平锅置小火上，加熟猪油，待油烧至油面起烟时将浆好的蚝肉放入锅中，摊平，稍微煎一下，放入青蒜段；

3. 将一个鸭蛋打散倒入锅内，摊平后两面来回煎炸、翻炒，上面再磕两个鸡蛋摊平，来回煎炸、翻炒，煎熟后淋上香油即成。

 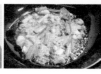 

油爆大蛤

● **主料**

大蛤

● **辅料**

葱，切段；蒜，切片；鲜笋，切片；黄瓜，切片；料酒；盐；淀粉，兑水调成芡汁；香油

● **做法**

1. 将大蛤用清水养 1 天促其吐清泥沙，然后挖出蛤肉切成片；

2. 将蛤肉放入九成开的水中迅速氽烫，捞出沥干水分；

3. 炒锅内放底油烧热，放入葱段和蒜片爆香，然后放入焯好的蛤肉迅速翻炒至变色；

4. 放入笋片和黄瓜片翻炒，放入料酒和盐调味；

5. 出锅前用芡汁勾芡，加少许香油挂匀出锅。

● **主料**

牡蛎
面粉

炸蛎黄

● **辅料**

盐；猪油；花椒盐

● **做法**

1. 将牡蛎外壳略冲洗，取出牡蛎肉，抹盐，放入面粉中沾匀；

2. 锅内放入猪油，中火烧至七成热，把已沾上面粉的牡蛎肉放进油内炸约 1 分钟，待外皮呈黄色时，立即捞出；

3. 锅内加油至九成热时，再将牡蛎入油稍炸，盛入盘内；

4. 撒上花椒盐即可食用。

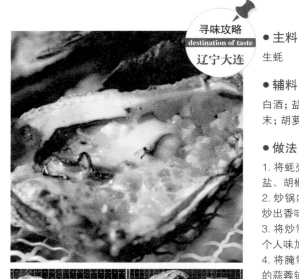

寻味攻略
destination of taste
辽宁大连

烤生蚝

● 主料

生蚝

● 辅料

白酒；盐；胡椒粉；蒜，切末；葱，切葱花；姜，切末；胡萝卜，切末

● 做法

1. 将蚝壳撬开，蚝肉剥离出来，放在碗内加白酒、盐、胡椒粉拌匀冷藏腌制 15 分钟；
2. 炒锅内放入和蒜末等量的底油，用小火将蒜末炒出香味，炒至金黄色，加入葱花、胡萝卜末略炒；
3. 将炒制好的蒜蓉连油一起盛出，晾凉以后按口个人味加入盐，可以比平时的口味略咸一些；
4. 将腌制好的蚝肉放入洗净的蚝壳内，将调制好的蒜蓉铺在蚝肉上面；
5. 将生蚝放入烤箱下层，用下火烤 20 分钟左右，至蚝肉略收缩，再用上下火烤 1～2 分钟，至蒜蓉着色即可。如果家里的烤箱不分上下火，可以用一张锡纸盖住生蚝，避免焦煳。

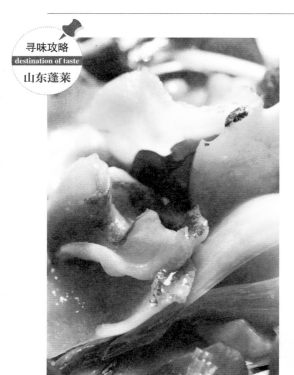

寻味攻略
destination of taste
山东蓬莱

油爆螺片

● 主料

海螺肉
木耳
菜心

● 辅料

盐；醋；熟猪油；葱，切丝；姜，切片；蒜，切片；料酒；胡椒粉；淀粉，兑水调成芡汁

● 做法

1. 将鲜海螺肉用盐、醋搓出黏液，用清水漂洗待用；
2. 将海螺用刀片成薄片，放入开水中氽一下，捞出控干水；
3. 将木耳、菜心用开水焯一下待用，锅中加熟猪油，旺火烧至八成热时，倒入海螺肉，迅速捞出；
4. 锅中倒底油，放入葱丝、姜蒜片炝锅，倒入海螺肉、木耳、菜心，烹入料酒、醋，撒上胡椒粉，用芡汁勾芡，快速颠炒出锅即成。

鲍鱼四宝

● 主料

花胶（鱼肚）
鲍鱼，切丝
韭黄，切段
叉烧肉，切丝
竹笋，切丝

● 辅料

葱，切丝；姜，切丝；冬菇，泡软去蒂，切丝；木耳，切丝；高汤；盐；生抽；白酒；胡椒粉；淀粉，兑水调成芡汁；火腿，切丝

● 做法

1. 将花胶用凉水浸泡 1 小时，捞起放锅内，加清水、葱姜丝煮 1 小时，捞起切丝；
2. 将鲍鱼丝、冬菇丝、竹笋丝、木耳丝、花胶丝放沸水中稍烫捞出；
3. 将炒锅烧热加油，加高汤烧开，放入鲍鱼丝、冬菇丝、竹笋丝、木耳丝、花胶丝及盐、生抽、白酒、胡椒粉以中火煮开；
4. 加芡汁勾芡，再放入韭黄、叉烧肉稍煮，倒入汤碗，再加火腿丝调配推匀即成。

上汤鲍鱼

● 主料

鲍鱼，切片
菜心
西红柿，切块

● 辅料

高汤；生抽；料酒；盐

● 做法

1. 鲍鱼片放汤中煮 20 秒钟捞出；
2. 菜心和西红柿块用清水煮熟；
3. 锅内加高汤、生抽、料酒、盐调味烧开；
4. 汤盅内放入鲍鱼片、西红柿、油菜心后加入煮好的高汤。

炒蛏子

寻味攻略
destination of taste
浙江宁海

● 主料

蛏子

● 辅料

姜，切末；蒜，切末；干辣椒，去籽、切小段；豆豉；料酒；青辣椒，去囊去蒂、切丝；红椒，去囊去蒂、切丝；香葱，切段

● 做法

1. 锅内入水烧开，蛏子下锅开壳后立即捞起沥水；
2. 锅内入底油烧热，转中火下姜蒜末、干辣椒段、豆豉爆香，开大火，下蛏子、料酒、青辣椒丝、红椒丝快速翻炒，略收汁时下香葱段翻炒即可起锅装盘。

香辣田螺

寻味攻略
destination of taste
广东广州

● 主料

新鲜田螺

● 辅料

葱，切葱花；姜，切丝；蒜，切片；干辣椒，切段；豆瓣辣椒酱

● 做法

1. 田螺剪去尾部，清水浸泡备用；
2. 锅内下重油烧热，放入葱花、姜丝、蒜片、干辣椒段炒香；
3. 放入田螺煸炒，加豆瓣辣椒酱炒匀，改中小火翻炒入味，汤汁收尽即可出锅。

酱爆螺蛳

寻味攻略
destination of taste
广东、广西

● 主料

螺蛳，去尾尖

● 辅料

葱，切段；姜，切片；干辣椒；豆瓣酱；料酒；盐；生抽；
白糖

● 做法

1. 锅内入底油烧热，将葱段、姜片、干辣椒爆香；
2. 倒入豆瓣酱，翻炒均匀；
3. 倒入螺蛳，翻炒 1 分钟；
4. 加料酒、盐、生抽，继续翻炒；
5. 倒入一碗清水，中小火焖煮至熟；
6. 出锅前加白糖即可。

北海豉汁蒸带子

寻味攻略
destination of taste
广西北海

● 主料

圆壳带子（北方称鲜贝），去内脏

● 辅料

豆豉，切末；猪五花肉，切粒；葱，切末；姜，切末；
蒜，切末；料酒；白糖；生抽；香油；胡椒面；淀粉，
兑水调成芡汁；香菜，切段

● 做法

1. 锅内入底油烧热，下豆豉末、猪肉粒、葱姜蒜末，
小火炒香后盛出；
2. 料酒烹热，与白糖、生抽、香油、胡椒面、芡
汁搅匀，调成调味料；
3. 将调味料浇在带子肉上，上笼旺火隔水蒸7分钟；
4. 干锅热油，淋在蒸好的带子上，撒上香菜段即可。

寻味攻略
destination of taste
上海

香麻海蜇

● 主料

海蜇皮

● 辅料

生抽；白糖；香醋；花椒粉；红油；香油；黄瓜，切成丝状；熟芝麻；红椒，切丝

● 做法

1. 将海蜇皮摊开撕去血衣皮，放清水中浸泡以去掉咸味，取出切成丝；
2. 将海蜇丝放入沸水锅内烫一下，捞出过凉，用冷水泡24小时以上（中途需多次换水），用时沥干水分；
3. 把生抽、白糖、香醋、花椒粉、红油和香油放碗里调成调味汁；
4. 把黄瓜丝放在盘内垫底，上面放烫好的海蜇丝，淋上调味汁，撒上熟芝麻，调匀，点缀上红椒丝即成。

鼎边糊

● 主料

花蛤
糯米，浸泡2小时、加水磨成浓浆

● 辅料

虾仁；香菇，切片；黄花菜

● 做法

1. 在铁锅内烧热水，放入花蛤肉、香菇片、虾仁、黄花菜，加虾油熬成清汤，倒入碗内放置待用；
2. 另起锅，待锅壁烤热后，在锅的内边抹上油，将准备好的米浆由左向右均匀地泼在内缘四周；
3. 将锅盖严，焖片刻后揭盖，见锅边的米浆烙熟起卷时，用锅铲将米浆铲出，放入清汤碗内，隔水在蒸锅上稍煮片刻即可。

寻味攻略
destination of taste
福建福州

扳指干贝

● 主料

萝卜，去皮、切段
干贝，水发

● 辅料

干贝汁；上海青；高汤；盐

● 做法

1. 挖空萝卜段的萝卜心，制成"扳指"；
2. 在"扳指"中塞入干贝，放进碗中，淋上干贝汁；
3. 上蒸锅蒸熟取出，将蒸汁滗出备用；
4. 将扳指干贝倒扣在盘上，盘周围摆上上海青；
5. 在蒸汁中加干贝汁、高汤、盐，煮沸，浇在扳指干贝上。

寻味攻略
destination of taste
福建福州

文蛤

● 主料

文蛤

寻味攻略
destination of taste
山东滨州

● 辅料

盐；荸荠，切片；香菇，放水中泡发、切片；白胡椒粉；香葱，切末

● 做法

1. 文蛤先用淡盐水浸泡 1 小时，让其吐清泥沙；
2. 将洗净的文蛤投入九成开的水中，加大火，烧至文蛤开口，蛤肉稍微变色马上捞出备用；锅中的鲜汤备用；
3. 将备好的荸荠片和香菇片放入煮沸的鲜汤中；
4. 略煮 2 分钟，然后将文蛤倒回汤中；加盐和白胡椒粉调味，撒上香葱末即可出锅享用了。

蟹

中国人吃蟹不只为饱腹之用，也不只为满足口腹之欲，更多的是作为一种闲情逸致的文化享受，寄托了"和乐天下"的生活感念。秋风起，蟹脚痒；菊花开，闻蟹来。金秋十月，螃蟹成熟，膏黄油满，肥美异常，三五亲朋相聚，热一坛黄酒，把酒吃蟹，边吃边聊，何等惬意！

· TIPS ·

1. 螃蟹性咸寒，又是食腐动物，煮时宜加入紫苏叶、鲜生姜，以杀菌减其寒性；

2. 螃蟹的鳃、沙包、内脏含有大量细菌和毒素，吃时一定要去掉；

3. 不能食用死蟹；

4. 蒸蟹时应将蟹捆住，防止蒸后掉腿和流黄；

5. 生螃蟹去壳时，先用开水烫 3 分钟，这样蟹肉很容易取下，且不浪费；

6. 蟹肉性寒，且含有大量的蛋白质和较高的胆固醇，一次不宜食用过多。

清蒸大闸蟹

寻味攻略
destination of taste
浙江湖州

● **主料**

大闸蟹

● **辅料**

生抽；白糖；料酒；香油；红浙醋；姜，切末

● **做法**

1. 将大闸蟹隔水蒸 15 分钟，至蟹壳呈红色，出锅装盘；

2. 蒸蟹过程中，将生抽放入炒锅内加热 1 分钟后倒入装有白糖、料酒、香油的小碗里混匀，将红浙醋倒入装有姜末的另一个小碗里混匀；

3. 食用时配上生抽碟和姜醋碟，边剥蟹肉边蘸生抽和姜醋调料吃。

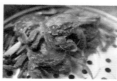

避风塘炒蟹

● 主料

肉蟹，切块

● 辅料

盐;料酒;面粉;蒜，捣成蓉;干辣椒，切段;豆豉;白糖

● 做法

1. 将肉蟹用盐和料酒略腌制，撒上面粉挂糊;

2. 锅内入底油烧热，放入蒜蓉和干辣椒段炸香后捞起;

3. 下螃蟹块炸至表面金黄出锅备用;

4. 锅内余油烧热，加入蒜蓉和干辣椒段以及豆豉翻炒，再用盐和白糖调味，螃蟹块入锅翻炒均匀即可起锅。

醉蟹

● 主料

河蟹

● 辅料

白酒;盐;白糖;黄酒;生抽;醋;姜，切片;蒜，切片;辣椒;花椒粒;八角;桂皮

● 做法

1. 先将河蟹用刷子仔细地刷洗干净，泡水，倒入少许白酒，让河蟹吐尽泥沙，然后捞出、沥干;

2. 准备腌料:将盐、白糖、黄酒、生抽、醋、白酒、姜片、蒜片、辣椒、花椒粒、八角、桂皮等调料全部放入大碗，搅拌均匀;

3. 再把河蟹放入器皿，把腌料倒入，密封，放入冰箱。腌 24 小时后，即可食用。

面拖蟹

● 主料

螃蟹

● 辅料

面粉；鸡蛋；小葱，切末；姜，切末；蒜，切末；料酒；生抽；白糖；盐；红辣椒，切丁；青辣椒，切丁

● 做法

1. 用刷子将螃蟹刷洗干净，把蟹对切、去鳃、去底、去胃；
2. 在面粉里放入鸡蛋，添适量清水调成面糊；
3. 锅内入底油烧热，放一勺面糊、半只螃蟹，让面糊裹住螃蟹；
4. 然后将整个蟹块放入油中，以中火炸至蟹壳变红，蟹块呈金黄色，捞起沥干油；
5. 锅内烧底油，炒香姜葱蒜末，放入炸好的蟹块拌炒 1 分钟，加入料酒、生抽、白糖、盐炒至蟹块均匀沾满底油，撒入青红椒丁略炒即可出锅。

炒蟹黄油

● 主料

清水蟹

● 辅料

猪油；葱，切末；姜，切末；淀粉，兑水调成芡汁；醋；蒜苗，切段

● 做法

1. 清水蟹冷水入锅，煮制 15 分钟后捞出；
2. 煮熟的清水蟹剖开剔出蟹黄、蟹油放入碗中备用；
3. 锅内下猪油、葱姜末、蟹黄炒香，芡汁勾芡，加入少许醋，炒出香味；
4. 蟹壳上撒蒜苗段点缀，将炒香的蟹黄和蟹油浇在蟹壳上即可。

寻味攻略
destination of taste
江苏南京

蟹黄鱼翅

● 主料

螃蟹
鱼翅

● 辅料

鸡汤；盐；葱白，切段；姜，切片；熟猪油；熟鸭蛋，取蛋黄；生抽；高汤；淀粉，兑水调成芡汁；胡椒粉；菜心，切段

● 做法

1. 盛两碗鸡汤，将蟹黄和蟹肉分别放入汤中待用；
2. 将鱼翅盛碗中，加鸡汤、盐、葱白段、姜片，上笼用旺火蒸至扒软入味取出；
3. 炒锅置旺火上，下熟猪油烧热，放入蟹黄、蟹肉和熟鸭蛋黄，滗去汤汁下入鱼翅，加生抽、盐、高汤，轻轻晃动，淋入芡汁，用勺边推边晃动锅，淋熟猪油，撒上胡椒粉，炒匀装碗待用；
4. 把菜心焯熟摆盘，倒入鱼翅即成。

和乐蟹

● 主料

和乐蟹

● 辅料

姜，舂蓉；蒜，舂蓉；盐；醋

● 做法

1. 将蟹刷洗干净，上蒸锅，大火蒸制 15 分钟取出；
2. 去除蟹的腮，可用烧烤铁架在炉火上烤干蟹身；
3. 用蒜姜蓉、盐、醋等调汁佐食。

寻味攻略
destination of taste
海南万宁

生地煮青蟹

● **主料**

青蟹，取下蟹钳，用刀背裂开蟹壳；蟹爪剁去前两
节爪尖；蟹身切块，每块连着一只爪

● **辅料**

生地，切片；上汤；葱，切段；姜，切片；料酒；盐；
调料包（花椒粒、桂皮、茴香、草果、香叶）

● **做法**

1. 将生地片放入部分上汤中，上屉蒸熟，加水，
调成生地汤；

2. 锅内入底油烧热，放入葱段、姜片爆香，下蟹
肉略翻炒；

3. 加料酒、剩下的上汤、盐、生地汤、调料包，
待汤沸后撇去泡沫，再煮10分钟左右；

4. 汤中剔去葱段、姜片，连汤带蟹肉起锅装碗即可。

梭子蟹炒年糕

主料

梭子蟹，剁成块，蟹钳用刀拍碎
年糕，切片

辅料

姜，切丝；料酒；白糖；生抽；小葱，切段

做法

1. 年糕用水煮好，用冷水冲凉，装盘待用；

2. 锅内入底油，加姜丝翻炒，放入蟹块，翻炒至
蟹块均匀沾满底油，且变成红色，出锅装盘待用；

3. 锅内再入底油，下入年糕，炒至表面微黄，加
入蟹块，加料酒、白糖、生抽调味，不要放盐。
炒匀后加入小葱段，略炒即可出锅装盘。

04

母亲的心传——禽蛋

　　不一样的水土孕育不一样的风物，不同地区所产禽类生来便有着最具当地特色的味道。无须复杂的做法，无须珍奇的食材来搭配，简简单单地烹饪，自有浑然天成的美味。蛋类同样以鲜美著称，那幼嫩细滑的口感停留在舌尖时，就如母亲饱含爱意的手拂过额头般惬意。

鸡肉

游子归来时，母亲总会准备上一锅加入了数十种药用食材，细火慢炖出的香浓鸡汤，仿佛要将之前被距离阻隔的关爱一次性地注入这一锅鸡汤，以慰藉游子漂泊的心灵。日后远行，不管游至何方，心里满满的都是母爱赐予的暖意，味蕾之上留存的都是属于母亲、属于家乡的味道。

· TIPS ·

1.鸡肉含有丰富的蛋白质、氨基酸，且肉质鲜嫩，营养价值很高，三黄鸡、固始鸡都是较有名的品种，挑选鸡的关键在于头小、毛亮、脚细、毛孔小；

2.鸡肉做法多样，焖炸炒烧清炖皆可，也可加入食用药材，营养更丰富。

栗子黄焖鸡

寻味攻略
destination of taste
江苏苏州

● **主料**

鸡肉，切块
栗子，煮熟、去壳、切两半

● **辅料**

熟猪油;葱，切段;姜，切片;白糖;生抽;盐;淀粉，兑水调成芡汁

● **做法**

1.热锅将熟猪油化开，放入葱段煸出香味；

2.加鸡块煸炒至外皮紧缩、变色；

3.加姜片、白糖、生抽、盐，继续翻炒；

4.加入清水没过鸡块，大火烧滚后改用小火焖至收汁；

5.在鸡块将熟时，放入栗子，加水一起焖至熟透；

6.待汤汁收干，将芡汁淋在鸡块上，出锅装盘即可。

寻味攻略
destination of taste
四川

宫保鸡丁

● **主料**

鸡腿肉，切丁

● **辅料**

盐;料酒;鸡蛋清，打散;生抽;绿豆淀粉;花生米;
干辣椒，切小段;花椒粒;豆瓣酱;葱白，切段;黄瓜，
切丁;姜，切末;蒜，剁蓉;淀粉，加水调成芡汁

● **做法**

1. 将鸡腿肉丁加盐、料酒、蛋清、生抽、绿豆淀
粉用手抓匀，静置 10 分钟;

2. 将花生米倒入没过花生米的油烹炸，至花生米
呈金黄色时捞出，另起一锅入油，六成热后下鸡腿
肉丁，迅速滑炒至散，翻炒至鸡肉丁变色后捞出;

3. 在锅中留底油，倒入干辣椒段、花椒粒爆香，
下入豆瓣酱炒红，然后倒入半熟的鸡腿肉丁翻炒几
下，入葱白段、黄瓜丁、姜末、蒜蓉炒均，最后调
入芡汁，待汤汁渐浓后放花生米拌炒几下即可。

辣子鸡

寻味攻略
destination of taste
重庆歌乐山

● **主料**

鸡肉，切块

● **辅料**

生抽;料酒;高汤;盐;姜，切片;花椒粒;葱，切段;
泡椒;麻辣酱;干辣椒

● **做法**

1. 鸡肉加生抽、料酒、高汤、盐、姜片、花椒粒拌匀，
腌 30 分钟，油烧热放入鸡块，炸至姜黄色后，盛
出放置一会儿，再次下锅炸，出锅沥油;

2. 锅内放底油，烧热，放入葱、姜、泡椒、麻辣
酱爆香，然后放入炸好的鸡肉块均匀翻炒，爆炒 3
分钟后，加干辣椒和花椒粒，2 分钟后转中火翻炒，
锅中的油汁被吸收，干辣椒、花椒粒焦香时，出锅。

口水鸡

● **主料**

小型三黄鸡，切块

● **辅料**

姜，部分切片、部分切末；葱，葱白切段、剩下的切葱花；盐；料酒；花椒粒；麻辣酱；花生仁，压碎；芝麻

● **做法**

1. 鸡肉块、姜片和葱白段，加盐、料酒腌制片刻；
2. 植物油烧至七成热，放入花椒粒、葱花、姜末爆香，用滤网滤去花椒粒、葱姜末，将热油倒入盛有麻辣酱的碗中调匀；
3. 鸡肉块放入开水锅中，氽烫去血水，撇去浮沫，加清水继续焖煮，煮到鸡肉断生，关火，让鸡肉块在水中浸泡 10 分钟捞出，洗去浮沫，放入冰水中浸泡 15 分钟，捞出装盘，淋酱，撒碎花生仁、芝麻、葱花即可。

酱爆鸡丁

● **主料**

鸡胸肉，浸泡后去掉脂皮、白筋，切丁

● **辅料**

蛋清；淀粉，加水兑成芡汁；黄酱；白糖；料酒；姜，捣成汁；糖色

● **做法**

1. 将处理好的鸡胸肉丁、鸡蛋清与调好的芡汁拌匀裹好；
2. 锅内入底油烧热，放入裹好的鸡丁，炸至六成熟捞出，控油备用；
3. 另起锅入底油，放入黄酱，炒干水分；加入白糖，翻搅熔化，加入料酒、姜汁、糖色，炒成泥糊状；
4. 倒入炸好的鸡丁，翻炒 5 分钟即可。

小鸡炖蘑菇

寻味攻略
destination of taste
黑龙江、吉林、辽宁

● **主料**

鸡，切块
榛蘑，温水浸泡半小时

● **辅料**

葱，切段；姜，切片；香叶；八角；干红辣椒；料酒；
白糖；酱油；盐

● **做法**

1. 放入底油，油热后放入鸡块翻炒；
2. 炒至鸡块变白后，放入葱段、姜片、香叶、八角、
干红辣椒一起爆炒出香味；
3. 依次放入料酒、白糖、酱油和盐，翻炒均匀；
4. 加入水，没过所有食物，大火烧沸后改中火，
炖 10 分钟后放入榛蘑，再炖 30 分钟，汤汁收浓后，
正宗的小鸡炖蘑菇即成。

香酥鸡腿

寻味攻略
destination of taste
北京

● **主料**

鸡腿，剁成块

● **辅料**

八角，拍碎；桂皮，拍碎；小茴香；葱，切丝；姜，
拍裂、切片；盐；白糖；老抽；香油；料酒；菱粉；
花椒盐

● **做法**

1. 将八角碎、桂皮碎、小茴香、葱丝、姜片、盐、
白糖、老抽、香油、料酒调成汁；
2. 鸡腿块放入料汁中，腌浸 4 小时；
3. 将盛鸡腿的盆蒙上一层消过毒的高丽纸，旺火
上笼蒸 1 小时，至鸡肉熟烂；
4. 蒸熟的鸡腿块蘸裹菱粉；
5. 锅内入花生油，旺火烧热，下裹好的鸡腿块炸
3 分钟，至鸡皮炸脆捞出；
6. 将炸好的鸡腿块装盘，以花椒盐蘸食。

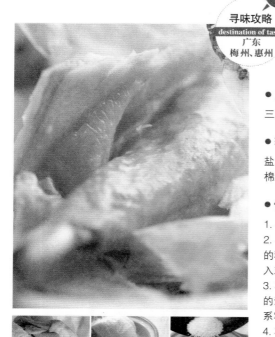

盐焗鸡

● **主料**

三黄鸡

● **辅料**

盐;五香粉;椒盐粉;葱,切丝;姜,切丝;八角;油纸;
棉线;大粒盐

● **做法**

1. 将洗净的鸡用吸水纸擦干后备用;

2. 将盐、五香粉、椒盐粉均匀混合在一起,将调好
的粉末均匀地抹在鸡皮上,将葱丝、姜丝和八角塞
入鸡肚子腌制 30 分钟;

3. 将少许食用油均匀地涂抹在一张油纸上,用弄好
的油纸将鸡包住,再取一张油纸重复包住,用棉线
系牢;

4. 将大粒盐放入砂锅中干炒 10 分钟,将包好的鸡
放入盐锅中,把盐均匀地覆盖在鸡身上,调小火烧
30 分钟即可,中间要将鸡翻转一次。

尖椒鸡

● **主料**

仔鸡,剁成小块

● **辅料**

花椒粒;生抽;青椒,切段;红椒,切段;子姜,切
片;料酒

● **做法**

1. 锅内加入底油烧热,旺火下花椒粒爆香;

2. 下鸡块煎炒,同时下生抽爆香,待鸡块中的水分
炒干后,调至中火;

3. 加入青红椒段、子姜片翻炒;

4. 下料酒入味,炒熟后起锅装盘即可。

大盘鸡

寻味攻略
destination of taste
新疆

● **主料**

三黄鸡，切块
土豆，去皮、切块
尖椒，去蒂取籽、切片

● **辅料**

花椒粒；八角；干辣椒；葱，切末；姜，切末；盐；生抽；料酒

● **做法**

1. 锅内入水烧开，放入鸡块，大火约煮5分钟后捞起；
2. 锅内入底油烧热，放入花椒粒、八角、干辣椒爆香，下鸡块翻炒；
3. 鸡块变色后加入葱姜末、盐、生抽、料酒调味，翻炒后加入开水没过鸡块；
4. 烧开后加入土豆块、尖椒片炖煮15分钟，大火收汁即可起锅。

人参鸡片汤

寻味攻略
destination of taste
吉林

● **主料**

人参，切片
鸡胸肉，切片
火腿，切片

● **辅料**

鸡汤；鸡蛋，取蛋清；盐；淀粉；料酒；白糖

● **做法**

1. 人参片放入碗中，加入适量鸡汤，上蒸锅蒸10～20分钟，熟透时取出，汤汁放置备用；
2. 鸡胸肉片和蛋清、盐、淀粉一起搅拌均匀；
3. 锅内入鸡汤烧开，放入鸡胸肉片滑散，断生后即捞起沥干；
4. 鸡汤内加入火腿片、盐、料酒、白糖、人参汤汁，撇去浮沫，烧开后加入鸡胸肉片、人参片，小火炖煮30分钟即可。

姜鸡

● **主料**

母鸡

姜，切丝

● **辅料**

绍酒；生抽；老抽

● **做法**

1. 锅内入水烧开，鸡肉下锅焯水后捞出，锅内重新放入清水烧开，鸡肉入锅煮约 10 分钟起锅，捞起沥水；

2. 鸡肉切块摆盘，姜丝铺在鸡肉上，加入绍酒、生抽、老抽；

3. 蒸锅内入水烧开，鸡肉入蒸锅蒸 15 分钟即可。

桂圆鸡

● **主料**

仔鸡

桂圆肉

● **辅料**

葱，切段；姜，切大片；盐；料酒；鸡汤

● **做法**

1. 锅内入足量水烧开，整鸡入锅，皮紧后捞起备用；

2. 在蒸碗中放入鸡、桂圆肉、葱段、姜片、盐、料酒、鸡汤，入蒸锅蒸至鸡肉酥软即可；

3. 起锅时拣去葱段和姜片即可食用。

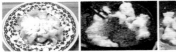

碎米鸡丁

寻味攻略
destination of taste
四川

主料

鸡胸肉，切丁

辅料

卷心菜，去硬梗、切片；郫县豆瓣酱；油炸花生米，去皮、碾碎；干辣椒，切末；盐

做法

1. 锅内加底油烧至七成热，下鸡肉丁、卷心菜略炸，见肉变色即捞起；

2. 锅中留余油，下郫县豆瓣酱炒香；

3. 下炒过的鸡肉丁、卷心菜煸炒入味；

4. 下花生米碎、干辣椒末、盐翻炒均匀，起锅装盘即可。

芙蓉鸡片

寻味攻略
destination of taste
上海

● 主料

鸡胸肉，剁蓉、剔去多余纤维
火腿，切丁

● 辅料

鸡蛋，取蛋清；牛奶；淀粉，部分兑水调成芡汁；高汤；盐

● 做法

1. 蛋清入无油无水容器中打发，加入牛奶、淀粉拌匀；

2. 鸡肉加入淀粉和打好的蛋清，抓匀；

3. 底油入锅烧至七成热，油面开始起波纹，并泛起青烟，将鸡肉蓉抓成鸡片下入油锅，至蛋清凝固即捞起；

4. 底油入锅烧热，放入鸡片，加高汤，放盐，快收汁时用芡汁勾芡起锅装盘；

5. 在鸡片上撒上火腿丁即成。

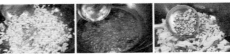

神仙鸡

寻味攻略
destination of taste
安徽

● **主料**

嫩母鸡

● **辅料**

桂圆，去壳；荔枝，去壳；莲子，去心；红枣；冰糖；盐；枸杞子；胡椒粉

● **做法**

1. 将鸡放入汤锅内用沸水稍汆 3 分钟后捞出，再用冷水过凉，去嘴尖、脚爪，切掉下颌和尾臊，砸断大腿骨，待用；

2. 将桂圆肉、荔枝肉、莲子肉、红枣和处理好的整鸡同时放入瓦钵内，加冰糖、盐、清水，上笼蒸约 2 小时，再放入枸杞子，蒸 5 分钟后用手勺将整鸡翻至背朝天，撒上胡椒粉即成。

白切鸡

寻味攻略
destination of taste
广东

● **主料**

三黄鸡

● **辅料**

姜，部分切片；葱，部分切段；香油；盐；酱油；香油

● **做法**

1. 锅里注入足量清水，放进姜片和葱段，大火把水烧开；

2. 把鸡放进锅里，再次煮开 5 分钟后，用文火焖 20 分钟左右，筷子插进鸡腿的位置，如果没有血水就可以把鸡捞起；

3. 鸡皮上抹香油，放凉后斩成小块，把姜和葱剁成蓉，放小碗里备用；

4. 烧点热油倒进盛了姜葱蓉的碗里，再放入盐和酱油，最后淋上勺鸡汤，拌匀滴上几滴香油，酱料就做好了，蘸食即可。

寻味攻略
destination of taste
海南

椰子·蒸鸡

● 主料

椰子
文昌鸡，去骨、切成 4 厘米见方的块

● 辅料

盐；料酒；胡椒粉；葱，切末；姜，切末；鸡蛋，取
蛋清；玉米淀粉，部分兑水调成芡汁；高汤；上海青，
取菜心；奶汤

● 做法

1. 椰子，砍去外皮、在顶部打两个眼、倒出椰子水，
顶部锯掉，用刨刀将椰肉刮成丝；
2. 鸡肉块沥水，置于碗中，加盐、料酒、胡椒粉、
葱姜末、鸡蛋清、玉米淀粉和少许椰子水浆好；
3. 椰子丝放入浆好的鸡块中，再加些鸡油拌匀，
上笼蒸 40 分钟，至鸡肉酥烂取出，倒扣入盘内，
滗出汤汁，用筷子轻轻拨散；
4. 炒锅置火上，添入适量高汤和椰子水，用盐、
料酒、胡椒粉调味，再用芡汁勾薄芡，淋些鸡油，
浇在鸡肉上；
5. 另起锅将菜心用奶汤加盐烧至入味，围在鸡肉
旁边即成。

寻味攻略
destination of taste
海南文昌

海南鸡饭

● 主料

三黄鸡，抹盐腌制 30 分钟
大米

● 辅料

盐；姜，切片；蒜，部分切末；泰椒，切圈

● 做法

1. 将腌好的三黄鸡用清水冲洗，在鸡腹加入姜片
和蒜瓣适量，锅内入水和盐烧开，把鸡放入水中，
转小火煮 10 分钟后捞起沥干；
2. 再烧开锅中的水，把鸡放入，用小火煮 10 分
钟关火，让鸡在水中浸泡 10 分钟后捞起晾凉装盘，
鸡汤取出备用；
3. 将姜片、蒜末、泰椒圈捣碎，加盐调汁；
4. 锅内入少许底油烧热，爆香蒜瓣，放入大米略炒；
5. 把大米放入电饭锅，加入适量鸡汤把米煮熟；
6. 鸡汤入锅烧热，取少许浇在调味汁中；
7. 盛出米饭，鸡切块蘸调味汁佐食即可。

叫花鸡

● **主料**

三黄鸡
猪瘦肉，切丁

● **辅料**

生抽；料酒；盐；姜，部分切片、部分切末；葱，
部分切段、部分切末；八角；虾仁，切丁；火腿，
切丁；香菇，切丁；荷叶，使用时先用滚水略烫；
棉线；锡纸

● **做法**

1. 生抽、料酒、盐、姜片抹在鸡上，腹内塞入葱段、
八角，用保鲜袋裹紧放进冰箱腌制一晚；
2. 锅内入底油烧热，煸香葱姜末，放入猪瘦肉丁、
虾仁丁、火腿丁、香菇丁翻炒，用盐和生抽调味，
炒熟后起锅即为内馅，将炒好的内馅装入鸡腹；
3. 荷叶包裹住鸡，用棉线捆好，再用锡纸包好，
放进预热至180℃的烤箱中，烘烤约2小时即可
食用。

文昌鸡

● **主料**

文昌鸡

● **辅料**

葱，切丝；姜，剁蓉；蒜，剁泥；盐；生抽；醋；白糖；
高汤；香油

● **做法**

1. 锅中加水，大火烧沸，将处理好的鸡放入，沸
水漫过鸡身烫汆；
2. 待鸡身受热膨胀定型后，改用小火浸煮约25分
钟，此期间每隔5分钟将鸡提起，倒出腹腔汤水，
再放入汤中浸煮，反复三四次；
3. 将葱丝、姜蓉、蒜泥加盐、生抽、醋、白糖、
高汤调成蘸汁，备用；
4. 鸡熟后捞出，放入凉水中浸泡20分钟，待冷却
后取出，抹上一层香油，然后切小块，砌成鸡形
摆入盘中，与蘸汁共同上桌食用。

沙茶鸡丁

寻味攻略
destination of taste
福建

● 主料

嫩母鸡肉，切丁

● 辅料

生抽；淀粉；熟猪油；冬笋，切丁；蒜，切末；花生
酱；沙茶酱；干香菇，温水泡发、切丁；葱，切段；
白糖；高汤

● 做法

1. 鸡丁中加入适量生抽拌匀，撒入淀粉抓松；
2. 炒锅用小火烧热，加入熟猪油化开，鸡丁、冬
笋丁入锅略翻炒，即起锅沥油备用；
3. 锅内余油烧热，蒜末入锅翻炒出香味，加入花
生酱、沙茶酱翻炒，然后加入鸡丁、冬笋丁、香菇丁、
葱白段翻炒，放入生抽、白糖、高汤调味，大火
翻炒即可起锅。

烧鸡公

● 主料

公鸡肉，切块

● 辅料

豆瓣辣酱；花椒粒；干辣椒，切段；青椒，切块；葱，
切丝；姜，切丝；蒜，切片；八角；生抽；盐；莴笋，
去皮、切条

● 做法

1. 将鸡块放入冷水锅中加热，水开后盛出、沥干；
2. 将沥好的鸡块在热油锅中过油、盛出；
3. 重新起锅，热油，加豆瓣辣酱炒出红油，下花
椒粒、干辣椒段和青椒块翻炒；
4. 加葱姜丝、蒜片、八角，放进鸡块继续翻炒，
倒入适量的生抽、盐；
5. 注入清水没过鸡块，改小火慢炖至鸡块熟烂；
6. 加入莴笋条，煮至熟透，即可出锅。

寻味攻略
destination of taste
重庆

汽锅鸡

● **主料**

土鸡，切块

● **辅料**

葱，切段；姜，部分切片、部分切丝；盐；料酒；
鸡油

● **做法**

1. 将鸡块与葱段、姜片混合，调入盐和料酒抓匀，
腌制 2 个小时以上，将腌好的鸡块放入汽锅内，
加盐、鸡油，放上葱段、姜丝码好；

2. 底锅内加足量的水烧开，将汽锅坐于底锅上，
盖上汽锅盖，保持底锅内水处于沸腾状态，蒸 3 小
时，待汽锅内出现较多的汤汁即可。

干锅鸡

● **主料**

鸡，切块

● **辅料**

盐；红油；淀粉；干辣椒，去籽、切段；花椒粒；葱白，
切段；姜，切片；香辣酱；豆豉辣酱；芹菜，切段；
洋葱，切片

● **做法**

1. 将鸡块放入碗中，加盐、红油、淀粉搅拌均匀，
腌制 10 分钟；

2. 旺火热油，放入腌好的鸡肉，炸干水分，倒出；

3. 干辣椒段、花椒粒爆香，放入葱白段、姜片，
加香辣酱、豆豉辣酱炒匀；

4. 放入炒好的鸡块，翻炒上色；

5. 加芹菜段、洋葱片，小火慢炒至熟。

梧州纸包鸡

● **主料**

鸡翅中，切块、剞梳子花刀

● **辅料**

玉扣纸；生抽；白糖；姜，捣成汁；高汤；盐；胡椒粉；
五香粉

● **做法**

1. 将玉扣纸裁好，放入热油锅中略炸，盛出备用；
2. 将鸡翅中和生抽、白糖、姜汁、高汤、盐、胡椒粉、
五香粉放在一起搅匀，腌制 10 分钟；
3. 将腌好的鸡翅中用玉扣纸包成长方块；
4. 将油烧热，放入包好的鸡翅中炸熟，打开纸包
食用。

新疆椒麻鸡

● **主料**

小公鸡，剁下鸡爪、斩去趾甲

● **辅料**

葱白，切段；生姜，切片；干红椒；青花椒；花椒粒；
盐；鸡油

● **做法**

1. 锅内加冷水，放入鸡爪和鸡身；
2. 加入葱段、生姜片、干红椒、青花椒、花椒粒、
盐，待鸡煮熟后捞出晾凉，汤备用；
3. 将煮好的鸡拆开，鸡皮或鸡皮靠肉的部分单独
片下，其余部分连骨斩断，装盘；
4. 煮鸡用的汤倒入碗中，加盐、鸡油调成浓汤；
5. 将浓汤均匀浇在盘中处理好的鸡肉上即可。

寻味攻略
destination of taste
台湾台北

台湾麻油鸡

● **主料**

鸡腿，剁块、焯水

● **辅料**

香油；姜，切片；米酒；香菇，温水泡发；口蘑，切块；白糖；盐；生抽

● **做法**

1. 锅中倒入香油烧热，下姜片，小火炒至变色；
2. 倒入鸡块，翻炒 3 分钟；
3. 加清水和米酒，大火煮开，改小火煮 10 分钟；
4. 放入香菇、口蘑块，继续小火煮制 3 分钟；
5. 加白糖、盐、生抽调味，出锅。

寻味攻略
destination of taste
广东广州

蚝油凤爪

● **主料**

大鸡爪，去掉外衣、去掉趾甲

● **辅料**

老抽；葱，切段；姜，切块；盐；白糖；料酒；高汤；茴香；花椒粒；陈皮；蚝油；胡椒粉；淀粉，兑水调成芡汁；香油

● **做法**

1. 鸡爪加老抽略腌制，锅内入底油烧热，入鸡爪翻炒，捞起放入温开水中浸泡 1.5 小时，捞起沥干；
2. 用葱段、姜块、盐、白糖、料酒、高汤、茴香、花椒粒、陈皮拌匀调汁，将鸡爪放入调好的汁中，蒸到软烂即可，炒锅内入蚝油烧热，放入鸡爪，加料酒、高汤、白糖、老抽、少许胡椒粉，中火焖煮 3 分钟，用芡汁勾芡起锅，淋上香油即可。

葡国鸡

● 主料

三黄鸡，切块

● 辅料

蒜蓉;姜黄粉;咖喱粉;椰奶;无糖鲜奶;洋葱，切四瓣;
土豆，去皮煮熟、切块;青椒，切片;红椒，切片

● 做法

1. 锅中入少量底油，放蒜蓉爆香，下鸡块不断翻炒，
加入姜黄粉、咖喱粉炒匀;
2. 待姜黄粉和咖喱炒出香味后加入椰奶和无糖鲜
奶，略浸泡住鸡块，烧开一起盛出，另起锅放少许
底油加热，将洋葱、土豆和青红椒煸炒熟;
3. 烤箱预热到 220 ℃，将鸡块、土豆、青红椒略
搅拌，入烤箱烤 20 分钟即可。

菠萝鸡

● 主料

鸡肉，切块
菠萝，去皮、切块、入盐水浸泡 30 分钟

● 辅料

盐;生抽;淀粉;料酒;洋葱，切块;红椒，切块;
白糖

● 做法

1. 将鸡块用盐、生抽、淀粉、料酒搅拌均匀，腌
制 10 分钟;
2. 油烧至八成热，倒入鸡肉，炒至变色倒出;
3. 底油烧热，入洋葱块、红椒块，大火翻炒，放
入鸡肉继续翻炒，将菠萝倒入，放白糖、盐、生抽，
翻炒均匀出锅。

上汤鸡米海参

● **主料**

鸡胸肉，剁碎
水发海参，片成坡刀片，用开水汆透

● **辅料**

盐；料酒；淀粉，兑水调成芡汁；蛋清；上汤；葱，
部分切段、部分切末；姜，部分切片、部分切末；
花椒油；火腿，切末；熟青豆

● **做法**

1. 鸡胸肉碎加盐、料酒，搅匀，加芡汁、蛋清抓拌；
2. 热油至五成热，放入鸡胸肉碎，炸至鸡肉变白；
3. 另起锅加入上汤、葱段、姜片、海参片，旺火烧开，
煨至入味；
4. 另起锅加花椒油，烧至六成热，倒入葱姜末爆香，
加入上汤、煨好的海参、盐、料酒烧开，调至小
火煨至入味；
5. 加入炸好的鸡肉碎，旺火烹熟，入芡汁勾芡，
起锅，带汁装盘，撒上火腿末、熟青豆即可。

鸡吞翅

● **主料**

水鱼翅，先用清水汆透晾凉，再用加葱，姜、料
酒的水汆透晾凉
脱骨嫩鸡

● **辅料**

猪瘦肉，切片；火腿，切片；熟猪油；葱，切片；姜，
切丝；料酒；清汤；盐；淀粉，兑水调成芡汁；胡椒面

● **做法**

1. 锅底垫上箅子，将鱼翅码在箅子上；
2. 将脱骨嫩鸡、猪瘦肉片、火腿片放在另一个箅
子上，压在鱼翅上面，加水烧开，撇净血沫，换小火，
将鱼翅焯烂，捞出鱼翅拆散；
3. 熟猪油热锅，放葱片、姜丝、料酒炝锅，放入清汤、
鱼翅，加盐烧开，加芡汁勾芡；
4. 将处理好的鱼翅酿于鸡腹内，开水稍烫，皮面
冲净放在大碗里，加清汤、盐、胡椒面调味，上
笼蒸烂即可。

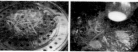

三杯鸡

● 主料

三黄鸡，切块

● 辅料

姜，切片；香葱，切段；蒜，切片；红尖椒，斜切成马耳形；台湾米酒；生抽；老抽；冰糖；香油；九层塔，切段

● 做法

1.三黄鸡块冷水入锅焯水，烧开后捞起待用；
2.炒锅内入底油烧热，转中火煸香姜片，然后放入香葱段、蒜片以及红尖椒片煸炒，转大火下三黄鸡块翻炒，加入台湾米酒、生抽、老抽调味；
3.加入冰糖翻炒，大火焖煮，收汁后即可起锅；
4.准备好餐具，倒入鸡块，加入香油与九层塔段即可。

花雕醉鸡

● 主料

鸡腿，剔除腿骨

● 辅料

盐；料酒；当归，切段；枸杞子；绍酒

● 做法

1.剔去骨头的鸡腿撒盐，倒上料酒，涂抹均匀后，腌制30分钟；
2.将腌好的鸡腿用锡箔纸包裹，卷一个紧实的卷，拧上两头，上锅蒸30分钟；
3.另取一锅，加入当归段、枸杞子，用水煮10分钟，倒入容器中，放入蒸好的鸡腿卷，加绍酒，浸泡6个小时以上，切片即可食用。

寻味攻略
destination of taste
湖南

银针鸡丝

炝三鲜

● **主料**

水发海参，切抹刀片、焯水

鸡胸肉，切抹刀片、焯水

鲜虾仁，焯水

● **辅料**

冬笋，切片、焯水；火腿，切片；盐；鲜姜，切丝；
大豆油；花椒粒

● **做法**

1. 将焯好的海参片、鸡胸肉片、鲜虾仁、冬笋片、
火腿片一起放入沸水锅中过一下水，再放入盆中，
加入盐、姜丝搅拌均匀；

2. 干锅放入少许大豆油，放入花椒粒，炸成花椒油，
趁热泼在已拌好的食材上，搅拌均匀即可。

● **主料**

鸡胸肉

豆芽，掐去两端

● **辅料**

盐；香油；醋；生抽；姜片，切末；鸡汤

● **做法**

1.锅内入水烧开，鸡胸肉下锅煮熟后捞起，手撕成
丝备用；

2.盐、香油、醋、生抽、姜末以及鸡汤拌匀调汁备用；

3.锅内再次入清水烧开，豆芽入滚水中略焯便捞
起，沥去多余水分，加入盐拌匀晾凉；

4.已经放凉的豆芽中放入鸡丝，加入调料拌匀即可。

寻味攻略
destination of taste
黑龙江
哈尔滨

清炖土鸡

● 主料

土鸡
冬瓜，去皮切块

● 辅料

熟猪油；葱，切段；姜，切菱形片；料酒；薏仁；盐；
胡椒粉

● 做法

1. 将土鸡放入沸水锅内加姜片焯出血水，捞出用
清水洗净备用；
2. 锅中放熟猪油烧热，用葱段、姜片炝锅，放入
土鸡块，用中小火煸炒至水分将尽，倒在碗里，
在碗中加清水，再加上料酒、冬瓜、薏仁，入屉
用旺火蒸 20 分钟；
3. 剔除葱段、姜片，用小火煲 20 分钟至鸡肉烂熟，
加盐、胡椒粉调味即可。

小绍兴鸡粥

● 主料

三黄鸡

● 辅料

香油；大米，浸泡 30 分钟；高汤；生抽；白糖；盐；
葱，切末；姜，切末

● 做法

1. 将三黄鸡用小火煮，保持水沸为度，煮至鸡浮
于水面，撇去浮沫，捞起放入凉水中浸冷，沥干
在外皮上搽一层香油；
2. 煮鸡的原汤倒入砂锅，放入泡好的大米，大火
烧沸，转用小火焖煮 1 小时，至粥稠盛入碗中；
3. 高汤、生抽、白糖、盐烧沸入葱、姜末即调料汁；
4. 将搽好香油的鸡切成长条块，装盘，吃时将调
料汁倒在鸡粥上，喝粥并用鸡肉蘸汁佐食。

鸭肉

"竹外桃花三两枝，春江水暖鸭先知"，苏轼曾把鸭放在如此美好微妙的一首诗里，无形之中倒是让鸭也成了画中一景，为鸭这一生灵平添了几分诗意。鸭属水禽，主食鱼虾水草，更富水野气息，南方水泽众多，鸭群聚集生长，每当春水初融，成群的鸭子浮游嬉戏，我们便也知春来到。

· TIPS ·

1. 鸭肉清炖会有腥气，可先将鸭子用洗米水浸泡半小时，再与蒜瓣、醋同煮，可去腥味；在炖炒焖烧时尽量将鸭肉中水分煸出，加料酒、姜、辣椒也可盖过腥气；

2. 鸭肉属凉性，有去燥降脂、除湿毒、滋阴养胃的功效，但虚寒受凉的人不宜多食。

板鸭焖笋干

寻味攻略
destination of taste
江苏南京

● 主料

板鸭，切块
笋干，泡软后切长条

● 辅料

干辣椒；姜，切片；蒜瓣；料酒；生抽；木耳，泡发

● 做法

1. 将板鸭块放入沸水中焯烫约5分钟，去盐除油后捞出控水；

2. 锅内放入底油，待油八成热时加入干辣椒、姜片和蒜瓣炝锅，然后加入焯好的板鸭块煸炒；

3. 炒至鸭皮稍硬，加入料酒继续翻炒；

4. 将笋干条倒入锅中，调入生抽翻炒均匀；

5. 锅内加入没过鸭块的清水，用大火炖15分钟，再倒入泡发的木耳，盖上锅盖，调至中火，焖煮15分钟；

6. 待锅内汤汁收干，装盘即可。

寻味攻略
destination of taste
江苏兴化

芋头烧鸭

● **主料**

芋头
鸭子

● **辅料**

姜，部分切片、部分切丝；料酒；八角；葱，切
葱花；蒜，切末；老抽；盐；白砂糖；胡椒粉

● **做法**

1. 芋头放入蒸锅中蒸20分钟，蒸完后搓去表皮，
切块；

2. 鸭肉切块，冷水下锅焯水，加几片姜、少量
料酒，水开后捞出，洗去浮沫；

3. 锅中烧油，先炒八角，再炒葱姜蒜，将芋头
块下锅炒，加少量老抽和料酒，加水烧开后，
倒入汤煲；

4. 煲40分钟左右，加盐、白砂糖、胡椒粉，
把鸭肉下锅，烧至芋头软烂就可以出锅了。

啤酒烧鸭

寻味攻略
destination of taste
江西南昌

● **主料**

鸭肉，切块

● **辅料**

姜，切片；蒜，切片；干辣椒，切丝；八角；桂皮；
花椒粒；生抽；白糖；啤酒；盐

● **做法**

1. 用开水将鸭块焯水去除杂质后备用；

2. 干锅热油，以姜蒜片炝锅，加干辣椒丝、八角、
桂皮、花椒粒炒出香味；

3. 将鸭块入锅翻炒，加生抽及白糖，继续翻炒
均匀；

4. 倒入啤酒，加盐，大火烧开后改小火焖熟。

板栗焖鸭

寻味攻略
destination of taste
贵州

● 主料

板栗
老鸭，切块

● 辅料

姜，切片；烧酒；盐；白糖；蚝油；高汤；香油

● 做法

1. 将板栗去壳，用油炸至色泽金黄；
2. 锅内放底油，加姜片爆香，放入鸭块翻炒；
3. 待鸭块烧至变色时，放入板栗；
4. 加入烧酒、盐、白糖、蚝油、高汤翻炒，放水焖一会儿，出锅时淋上香油即可。

红扒秋鸭

● 主料

秋鸭

● 辅料

生抽；葱，切段；姜，切块；鸭汤；八角；绍酒；白糖；盐；冬菇，去蒂切片；竹笋，切片；淀粉，兑水调成芡汁

● 做法

1. 把鸭下开水锅焯烫，去净血水后沥干；
2. 锅内放入花生油，烧到七成热，将鸭子表皮用少许生抽抹均匀，投入油锅中炸至金黄色时捞出；
3. 炒锅放入少量油，投入葱段、姜块煸香，放入鸭汤，下入八角、绍酒、葱段、姜块、白糖、生抽、盐、鸭子，旺火烧开，改至小火焖至酥烂，捞出装盘；
4. 将锅中汤汁中的葱、姜、八角拣去，撇去鸭油和浮沫，投入冬菇片、竹笋片烧沸，用芡汁勾薄芡浇在鸭身上即成。

寻味攻略
destination of taste
南京

陈皮鸭

● 主料

鸭子

● 辅料

姜片；吸油纸；老抽；冰糖；陈皮

● 做法

1. 将陈皮用清水泡软，用小刀刮去内囊后洗净，再切成条备用；

2. 烧一锅开水，放入姜片，将洗净的鸭焯烫1分钟左右，捞起并用清水冲去表面的浮沫，用吸油纸吸干鸭表面的水分，放在通风的地方自然风干；

3. 起油锅，将鸭煎至两面金黄，将煎好的鸭用清水冲去多余的油分，再将鸭子放回锅里，加入老抽、冰糖、陈皮，注入清水没过鸭子；

4. 大火烧开后转中小火焖煮70分钟（中途翻转一下鸭子，以防粘锅底），焖至水分将干时，取出晾凉，切件即可食用。

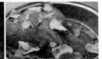

加积鸭

● 主料

加积鸭

● 辅料

姜，部分切片、部分切末；蒜，拍碎剁蓉；葱，切葱花；酸橘汁；白糖；盐；辣椒酱

● 做法

1. 大火烧水，加姜片，水温至80℃时，将鸭放入水中烫过，撇去浮沫，然后慢火浸煮，水温保持微沸而不太滚，至鸭身有弹性，用筷子往鸭腿上端戳进肉内而不冒血水时捞起，晾凉，汤备用；

2. 用滚鸭汤冲入姜末、蒜蓉、葱花，挤入酸橘汁，加入白糖、盐、辣椒酱调成蘸汁；

3. 晾凉的鸭子切成块，摆成鸭形装盘，食用时搭配蘸汁即可。

湘西土匪鸭

寻味攻略
destination of taste
湖南湘西

● **主料**

鸭肉，切块

● **辅料**

大葱，切段；姜，切片；干辣椒，切段；花椒粒；八角；
桂皮；小茴香；豆瓣酱；白糖；盐；啤酒；老抽；生抽；
胡萝卜，切块；红椒，切片；香菜，切段

● **做法**

1. 将鸭块和冷水一起放入锅中加热，煮沸后盛出
备用；
2. 用葱段、姜片炝锅，加干辣椒段、花椒粒、八角、
桂皮和小茴香，炒出香味；
3. 将煮好的鸭块放入锅中，加豆瓣酱翻炒均匀；
4. 放入白糖、盐、啤酒、老抽、生抽，改用小火
焖煮 30 分钟左右，再加胡萝卜块，继续焖煮大约
20 分钟；
5. 放入红椒片，翻炒均匀，撒上香菜出锅。

盐水鸭

寻味攻略
destination of taste
江苏南京

● **主料**

鸭腿

● **辅料**

盐；花椒；葱，切段；姜，切片；料酒；八角

● **做法**

1. 把锅烧热，盐和花椒入锅炒热，将炒热的盐和
花椒抹在鸭腿上，肉厚的地方宜多抹，要反复搓揉；
2. 把鸭腿装入保鲜袋中，放入冰箱腌制 4～6 小时；
3. 清水中加入盐、葱段、姜片、料酒、八角煮开，
放入鸭腿，小火烹煮 2～3 小时即可；
4. 取出晾凉后切块，淋上鸭汤即可。

莲蓉香酥鸭

● 主料

临武母鸭

● 辅料

鸡蛋;面粉;淀粉,兑水调成芡汁;葱,切段;姜,切块;料酒、盐;白糖;花椒粒;猪肥膘肉,下入汤锅煮熟捞出、切丝;莲蓉;胡椒粉;熟瘦火腿,切末;香菜;香油

● 做法

1. 鸡蛋加面粉,入芡汁和水调匀,鸭肉用葱段、姜块、料酒、盐、白糖、花椒粒腌2个小时,蒸至八成烂,晾凉取头、翅、脚,鸭身拆净骨,剔下鸭腿、鸭脯肉切成丝,取块带鸭皮的鸭肉,修成长方形,抹鸡蛋糊,入抹油的平盘内,鸭肉丝和猪肥膘丝加鸡蛋糊搅匀,铺在带皮的鸭肉上,下油锅炸至焦酥捞出;

2. 将莲蓉炒出香味,加盐、胡椒粉和面粉拌匀,铺在炸酥鸭肉上,按上火腿末;

3. 油烧至六成热,将莲蓉鸭炸至焦酥,滗去油,切窄条入盘,将头、翅、脚入油炸熟,出锅摆成鸭形,拼香菜淋香油即成。

柠檬鸭

● 主料

青柠檬,切片
土鸭,切块

● 辅料

盐;姜,切片;蒜瓣;泡椒;酸荞头;白糖;生抽;蚝油;料酒;紫苏

● 做法

1. 将青柠檬装入坛中,放一层柠檬就加一层盐,合盖密封,放在太阳下晒1星期,待柠檬出水、盐充分溶化后,放在阴凉处;

2. 锅内放底油,加姜片、蒜瓣、泡椒、酸荞头爆锅,放入鸭块煸炒到出油,加盐、白糖、生抽、蚝油调味,加点料酒稍焖一会儿;

3. 出锅前加入咸柠檬、紫苏,翻炒均匀即可。

寻味攻略
destination of taste
北京

菠萝烤鸭

● 主料

挂炉烤鸭，剁成 4 厘米长、3 厘米宽的长方块
菠萝，切成扇块

● 辅料

芥末；高汤；甜面酱；蚝油；盐

● 做法

1. 取芥末适量，用高汤放容器中调匀，加盖放置一段时间；
2. 取出后加入甜面酱、蚝油、盐兑成调味汁；
3. 把烤鸭块码入盘内，菠萝扇块围在鸭子周围，再将兑好的调味汁浇在鸭子上即成。

寻味攻略
destination of taste
江苏南京

鸭血粉丝汤

● 主料

新鲜鸭血，切块

● 辅料

高汤；鸭肠，切段；鸭肝，切块；盐；粉丝；香菜，切段；香葱，切末

● 做法

1. 高汤入锅煮开，放入处理好的鸭肠段、鸭肝块、盐，鸭肠段和鸭肝块熟后可捞出备用；
2. 锅内放入鸭血块，煮 3 分钟，然后转小火炖煮15 分钟；
3. 把泡发的粉丝在滚汤中烫熟；
4. 汤碗内放入煮好的鸭肠段和鸭肝块、粉丝、香菜段、香葱末，把汤盛入碗内即可。

荔芋腊鸭煲

寻味攻略
destination of taste
香港

● 主料

腊鸭，切块
芋头，切块

● 辅料

姜切片；盐

● 做法

1. 将切好的腊鸭块入水焯 5 分钟，捞出再用流动的水冲洗干净；
2. 将腊鸭块、姜片、芋头放入煲汤锅中，加满水，用大火烧开，撇去浮沫，改小火煮 20 分钟；
3. 上桌前加少许盐，盖上盖，再焖 5 分钟即可。

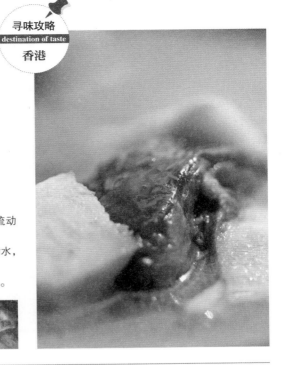

莲藕煲鸭汤

寻味攻略
destination of taste
广东东莞

● 主料

鸭肉，剁块
莲藕，去皮、切块

● 辅料

葱，切段；姜，切片；盐

● 做法

1. 将鸭块用清水浸泡 5 分钟；
2. 在开水中焯一下，去血水；
3. 将焯好的鸭块、莲藕块、葱段、姜片放入砂煲中，加足量水；大火烧开，小火慢炖 2 ～ 3 小时；
4. 撇去浮油，加盐调味即成。

子姜炒鸭

● 主料

鸭，剁块
子姜，切片

● 辅料

葱，切末；老姜，切末；蒜，切末；生抽；盐；
剁辣椒

● 做法

1. 沸水焯鸭块，盛出；
2. 热油炝炒葱姜蒜末，炒出香味；
3. 放入焯好的鸭块翻炒至鸭肉出味，加生抽、
盐调味；
4. 放入子姜片、剁辣椒，翻炒 7～8 分钟，出锅。

寻味攻略
destination of taste
湖南常德

酸萝卜老鸭汤

寻味攻略
destination of taste
四川

● 主料

老鸭，切块
圆萝卜，放入泡菜坛内腌制半年、去皮切块

● 辅料

花椒粒；葱，切段；姜，切片；高汤；金丝枣；
黑木耳；花菇，切片；干笋，切片；胡椒粉

● 做法

1. 锅中倒入清水，放入鸭块，大火煮开后撇
去血沫，继续煮 5 分钟，捞出后用清水冲净
浮沫；
2. 锅内放底油，加入花椒粒、葱段、姜片爆香，
放入鸭块继续爆炒；
3. 鸭块炒至皮稍紧缩，色泽微黄时加入高汤，
同时加入金丝枣、黑木耳、花菇片、干笋片；
4. 用大火煮开后，倒入深口的煲锅内，大火
煮沸后，转小火慢慢地煲 2 小时；
5. 放入酸萝卜，继续煲 30 分钟，等到入味后，
加入适量胡椒粉即可。

酱鸭

● **主料**

鸭

● **辅料**

盐；红曲米；桂皮；茴香；葱，切段；姜，切片；白糖；
冰糖

● **做法**

1. 用盐擦鸭身擦至盐溶化，腌约 10 小时，使鸭皮
紧缩、肉质紧实硬缩；

2. 用沸水锅将鸭子煮至血水变色，捞出洗净，放
入锅中，加水淹没，将红曲米、桂皮、茴香、葱段、
姜片用纱布包好同煮，先大火烧沸，转用小火焖
烧约 1 小时（中间将鸭翻身一次）；

3. 焖至鸭腿用手指揿得动时，把香料布袋取出，
加白糖、冰糖、盐，大火收汁，酱汁不断地浇在鸭身，
不断转锅使鸭子转动，防止粘锅，待卤汁收浓如
胶状即可，捞出自然冷却后，斩块装盘即可。

熏鸭

● **主料**

鸭

● **辅料**

大米；茶叶；盐；热鸭汤；高汤；蒜；醋

● **做法**

1. 将盐塞入鸭的腹腔，入锅煮至鸭肉熟烂，
筷子可以穿透时盛起，趁热在鸭身上均匀地
抹上盐；

2. 锅内放入大米和茶叶，将鸭放在铁线网盘上
并置于锅中，盖上锅盖，盖边缝隙用湿布围密；

3. 开小火，使锅内的大米和茶叶缓烧成烟，熏
透全鸭，待锅盖缝隙处冒出的烟气由白色转为
黄色时，即可掀盖出锅，热鸭汤中加盐、高汤
调匀，倒入鸭腹内，浸渍约 2 小时；

4. 倒去鸭腹内汤汁，切块装盘，配以蒜和醋。

莲花血鸭

● 主料

鸭血
鸭肉，切块

● 辅料

盐；糯米酒；料酒；生抽；胡椒粉；高汤；葱，切末；
香油

● 做法

1. 碗中放少许盐、糯米酒，将鸭血倒入碗内，用
筷子搅拌均匀；

2. 炒锅中放底油，将鸭肉炒至收缩变白，加入料酒、
生抽、盐炒匀，加高汤微火焖10分钟；

3. 待汤约剩十分之一时将鸭血淋在鸭块上，边淋
边翻炒，使鸭块粘满鸭血，淋完后加胡椒粉、高汤，
略炒一下即起锅，盛入盘中，撒上葱末，再淋上
香油即成。

香酥鸭

● 主料

鸭

● 辅料

盐；葱，切段；姜，切片；八角；花椒粒；桂皮；砂仁；
豆蔻；茴香籽；陈皮；白芷；老抽；绍酒；白糖；香油；
香菜

● 做法

1. 将鸭煮到没有血水时捞出，用盐将鸭涂抹均匀，
在腔内塞入葱段、姜片、八角，加花椒粒、桂皮、
砂仁、豆蔻、茴香籽、陈皮、白芷、老抽、绍酒、
白糖拌均匀，腌2个小时，此期间要翻动两次，
用手揉搓鸭身；

2. 腌透上笼屉大火蒸2小时，此期间翻动两次，
炒锅入油加热，烧至油面起烟时将蒸好的鸭子放
入，翻炸3分钟，捞出沥油放入盘中，刷香油加
香菜即可。

拆骨鹅掌

● **主料**

鹅掌

● **辅料**

白酱油；盐；香醋；白糖；五香粉；香油；香菜取叶

● **做法**

1. 将鹅掌剥去外皮，斩去爪尖，放入沸水锅内焯煮，捞出洗净；

2. 将鹅掌放入锅内，加入清水没过鹅掌，烧沸后改用小火煮约 30 分钟至熟，捞出；

3. 将煮好的鹅掌放冷水中过凉，取出剔骨，尽量保持原形；

4. 将白酱油、盐、香醋、白糖和五香粉放小碗里调匀成调味汁备用；

5. 摆盘，四周放上净香菜叶加以点缀，将调味汁均匀浇入盘中，再淋上香油即成。

鹅肝酱片

● **主料**

鹅肝

● **辅料**

香葱，切段；姜，切片；生抽；高汤；胡椒粉；白糖；黄酒；黄油

● **做法**

1. 沸水焯鹅肝 5 分钟，取出待用；

2. 热油爆香葱段、姜片，加入生抽、高汤、胡椒粉、白糖、黄酒；

3. 放入焯好的鹅肝，翻炒，炒熟后盛出放凉；

4. 将放凉的鹅肝搅成蓉；

5. 将模具双面擦黄油，放入搅好的鹅肝蓉，冰箱冷藏 3 ～ 4 小时至凝固，切片装盘即可食用。

蛋

硬脆外壳之内包裹的是一汪晶莹剔透的液体，灿灿的蛋黄是心，稳稳地浮在中央，颤动着，是生命的延续。犹记得小时候每日清晨，早点种类无论如何变化，一颗温热的水煮蛋总是母亲不变的关怀，握在手心，暖暖的温度一直传达至心底。往往是淳朴的食材最能给予人强大的生长力量。

· TIPS ·

1.挑选蛋类时，左手握成圆筒状，右手将蛋放在左手小指端，对着光源透视，新鲜鸡蛋呈淡红色、半透明状态，且外壳粗糙、晃动无声；

2.天热鸡蛋容易变质，除了放到冰箱中保鲜外，还可以贮藏在大豆、赤豆、小米等杂粮中。

绍子烘蛋

寻味攻略
destination of taste
四川成都

● **主料**

鸡蛋，打散

● **辅料**

盐；玉米淀粉；猪肉，剁成馅；木耳，泡发、切末；榨菜，切末；高汤

● **做法**

1. 在打散的鸡蛋中加入盐、玉米淀粉，打松，加入部分猪肉馅、木耳末、榨菜末搅匀；

2. 锅内放入底油烧热，鸡蛋汁倒入锅中，先用大火再改小火烘炒3分钟；待鸡蛋全部膨高后，翻面；待鸡蛋两面呈金黄色时盛出，切成小块；

3. 余油留锅，放入剩下的猪肉馅炒散，再放入木耳末、榨菜末，加入高汤煮滚，汤中加入盐调味，然后浇在烘蛋小块上即可。

蛋饺

寻味攻略
destination of taste
江浙地区

● **主料**

猪肉，剁成馅
干虾仁，切末
鸡蛋

● **辅料**

香葱，切末；盐；白糖；淀粉；生抽

● **做法**

1. 把猪肉馅、虾仁末、香葱末、盐、白糖、淀粉、生抽搅拌成混合肉馅；
2. 平底锅烧热转小火，刷上少量底油，将蛋液浇上去做成规则的圆形，略翻转煎制后，加入1勺混合肉馅，将圆形蛋饺对折盛出；
3. 上蒸锅大火蒸5分钟即可。

寻味攻略
destination of taste
青海西宁

发菜蒸蛋

● **主料**

鸡蛋，分离蛋清与蛋黄
发菜，泡好

● **辅料**

盐；羊汤；木耳，泡发；黄花，切段；淀粉，兑水调成芡汁；香油

● **做法**

1. 在蛋清和蛋黄中分别放入盐，搅拌均匀；
2. 平底羹盘上倒入少量食用油，晃动均匀，倒入蛋清，将发菜铺在上面，隔水蒸至发菜和蛋清凝结；
3. 淋上蛋黄液，全部蒸熟后出锅，倒扣在盘子里；
4. 锅内加入羊汤、木耳、黄花段，煮熟后加芡汁勾芡，浇在发菜蒸蛋上，淋少许香油即可。

赛螃蟹

寻味攻略
destination of taste
浙江湖州

● 主料

咸鸡蛋黄，捣烂
胡萝卜、土豆，一起蒸熟捣烂

● 辅料

姜，切末；白醋

● 做法

1. 用少量的油炒咸蛋黄，煸熟；
2. 先后倒入胡萝卜泥和土豆泥煸炒；
3. 倒入姜末和白醋翻炒均匀即可。

咸鸭蛋

主料

鸭蛋

寻味攻略
destination of taste
江苏高邮

辅料

盐；白酒

做法

1. 先在腌制鸭蛋用的容器底部放一层盐；
2. 再把用白酒擦过的鸭蛋放进去，上面再撒上一层盐，盖住鸭蛋，倒入凉开水，盐开始溶解至饱和状态，再加入重约鸭蛋重量 1/5 的白酒；
3. 密封放置在干燥、阴凉、通风处，约 30 天即可取出煮熟食用。

葡式蛋挞

三色蛋

● 主料

高筋面粉
低筋面粉
牛奶
鸡蛋

● 辅料

酥油;奶油;白糖;炼乳

寻味攻略
destination of taste
澳门

● 做法

1. 将高筋、低筋面粉以 1∶10 的比例混合，加入面粉重量 1/10 的酥油、1/2 的水，加蛋液搅拌，揉匀成面团，醒发 30 分钟;

2. 奶油冷藏后盖保鲜膜擀成薄片，将醒好的面团擀成可裹住奶油片的薄片，然后裹住奶油压紧边缘，保鲜膜包好冷藏 20 分钟，取出擀平，摊成长形，将面片卷起成面卷，包保鲜膜冷藏 30 分钟;

3. 将牛奶、低筋面粉、白糖、炼乳以 20∶1∶3∶2 的比例调成奶浆，加热至溶化晾凉，取占奶浆量 1/4 的蛋黄打散混合即成蛋挞液;

4. 模具表面涂匀面粉，将面卷切块，擀成面皮入模具压实，倒入蛋挞液至八成满，入烤盘，烤箱预热，210℃烤制 25 分钟即可。

寻味攻略
destination of taste
台湾

● 主料

鸡蛋
咸鸭蛋，切丁
松花蛋，切丁

● 辅料

高汤;盐;淀粉，兑水调成芡汁;香油

● 做法

1. 将鸡蛋磕开，蛋清、蛋黄分离并将蛋黄放在碗里，加入高汤、盐、芡汁、香油调匀;

2. 将搅匀的蛋黄放在抹好香油的瓷盘中上屉蒸;

3. 在稍微凝固时把咸鸭蛋丁和松花蛋丁码入蛋黄里，同时将蛋清倒在上面，然后在碗上覆一层消过毒的薄膜;

4. 碗上屉小火蒸熟后切成片，码入盘内即可。

地菜煮鸡蛋

● 主料

鸡蛋

● 辅料

地菜（荠菜）；姜，切片；红枣

● 做法

1. 在锅中放入地菜、鸡蛋、姜片，加水将鸡蛋煮熟；
2. 将鸡蛋盛出，把蛋壳轻轻碰破；
3. 把破口的鸡蛋重新放入原汤中；
4. 加红枣，再煮 20 分钟关火。

寻味攻略
destination of taste
湖北武汉

海胆蒸蛋

寻味攻略
destination of taste
海南三亚

● 主料

海胆
鸡蛋

● 做法

1. 把海胆黄撬出装到盒子里；
2. 将鸡蛋磕入碗中，取与鸡蛋液等量的水加入，打散；
3. 鸡蛋放入蒸锅中，旺火 2 分钟蒸至刚刚凝固；铺上海胆黄，大火蒸 5 分钟，至海胆黄变色变硬即可。

05

A BITE OF CHINA

三餐的故事——五谷杂粮

民以食为天，食以谷为先，五谷杂粮构建了中国人最根本的主食地理，不同地区所赖以存活的主食不同，由此孕育了大江南北人们的不同身形甚至不同秉性。北小麦，南稻米，北方厚重，南方灵秀。五谷杂粮，或细或糙，在中国人的舌尖留下了属于它们的印记，并赋予了人们别样的情怀。

面

"吐着芳香，站在山岗上""永远是这样美丽负伤"，海子这样形容麦子。但麦子的意义远不止于此，在辽阔的中国北方，成熟的小麦决定了大地的基本色调，小麦收获的季节里，满目都是金灿灿，深呼吸，嗅上一口悠悠麦香，心中泛起无限的感慨，那是对土地的眷恋和感恩。

· TIPS ·

1. 全麦食品含有丰富的膳食纤维素、碳水化合物、维生素及矿物质，对降低胆固醇，预防动脉硬化、脂肪肝、脑梗塞、心肌梗塞等病症有良好的效果；

2. 真正的全麦粉是用整个小麦研磨而成的，含有麸皮，颜色发黑，质地粗糙，保质期很短。有些超市所售的全麦粉是后来添加了麸皮，不是正宗的全麦粉。

兰州牛肉拉面

寻味攻略
destination of taste
甘肃兰州

● **主料**

牛肉，切块
白萝卜，切片
拉面

● **辅料**

调料包（包括姜、葱、草果、八角、桂皮、冰糖、肉蔻、胡椒粒、红辣椒、丁香等）；盐；花椒粉；香油；香菜；蒜苗，切末；辣椒油

● **做法**

1. 锅内入冷水，下入牛肉，开火煮，水开后，转小火，撇除浮沫，同时翻搅肉块，5 ～ 10 分钟；
2. 放入调料包小火煮 40 分钟，至肉可以用筷子扎透即可，放盐，再煮 10 分钟，捞出牛肉块切片；
3. 另起一锅，按 1∶1 比例倒入水和刚做好的原汤，放入白萝卜片，加花椒粉、盐煮开，滴入香油；
4. 清水煮面，捞出装碗，加萝卜汤、香菜、蒜苗末、牛肉片和辣椒油即成。

岐山臊子面

● 主料

五花肉，切丁

拉面，清水煮熟、挑出装碗

● 辅料

大葱，一半切段、一半切丁；干辣椒；姜，切末；酱油；花椒；陈醋；紫萝卜，切丁；盐；辣椒粉；木耳，温水泡开后切碎；豆腐，切丁；黄花菜，切丁；青椒，切丁；蒜，切末

● 做法

1. 重油加热至油面起青烟，入大葱段、干辣椒爆香，下肉丁、葱末、姜末，煸炒至肥肉透明，加入酱油、花椒、大量陈醋，炒匀装碗，自然冷却成固体，即臊子；

2 锅内下入适量的臊子，倒紫萝卜丁，加盐，旺火炒匀，转小火焖，不时翻动，直到锅中的水分焖干，放入盐、辣椒粉；

3. 加水烧开，放入适量肉臊子，撒入碎木耳、豆腐丁、黄花菜丁，大火烧开后转小火，撒上青椒丁和蒜末，将做好的臊子汤倒在煮好的面上即成。

油泼面

● 主料

面粉
大白菜

● 辅料

盐；大葱，切末；蒜，切末；辣椒粉；醋

● 做法

1. 容器中加入适量水、盐，逐步加入面粉，慢慢和面到不粘手的程度即可，醒 30 分钟，把面团切开，手上沾少许食用油，将切开的面团搓成条状物放入盘中，用保鲜膜覆盖醒 1 小时；

2. 锅内入水烧开，大白菜入锅煮熟，捞起沥干；

3. 将醒好的面扯开（略薄约 2 指宽即可）入锅，煮熟后捞起放在白菜上，把葱末、蒜末、辣椒粉、盐洒在面上，食用油烧热，淋在面上，加醋即可。

寻味攻略
destination of taste
山西太原

刀削面

● 主料

面粉

● 辅料

鸡蛋，打散；西红柿，去皮、切块；盐；淀粉，加水调成芡汁；葱，切葱花

● 做法

1. 将面粉、水按照约3：1的比例调制成面团，醒30分钟左右；
2. 炒锅放植物油烧热，倒入蛋液炒至鲜黄色，放入西红柿块翻炒出水分，加盐调味，入芡汁勾芡成卤后出锅备用；
3. 将醒好的面团揉匀、揉光，制成圆柱形，放在面板上备用；
4. 锅内加水烧沸，一手持削面刀，一手托面板，用刀沿面团的平面一刀挨一刀将其削入沸水锅中，待煮熟后装碗，倒上西红柿鸡蛋卤，撒上葱花即成。

寻味攻略
destination of taste
河南郑州

河南烩面

● 主料

羊腿肉，切大块
羊脊骨，切大块
面粉
粉丝

● 辅料

调料袋（八角、草果、茴香）；盐；黄花菜；木耳丝；海带丝；豆腐丝；熟鹌鹑蛋；糖蒜；辣椒酱

● 做法

1. 锅中添满水，放入羊腿肉块和羊脊骨块，大火煮开，撇去浮沫，下调料袋，转小火慢炖3小时，熬至软烂，捞出调料袋，加盐调味；
2. 面粉中加一小勺盐混匀，加水揉成面团，放置20分钟，再搓成粗长条，分成剂子，将面剂擀成厚度约1厘米的长方形面片，抹上油，放置20分钟；
3. 锅中倒入羊肉汤，煮开放入羊肉块及配菜，搅匀煮沸，取一面片，捏住两头轻轻抻开，将面片抻成宽约1厘米的面条，下锅，锅开后下粉丝，加盐，面熟即可出锅，搭配糖蒜和辣椒酱食用。

扁豆焖面

寻味攻略
destination of taste
山西

● 主料

四季豆，掰段
五花肉，切片
拉面，煮熟

● 辅料

红辣椒，切碎；蒜，切末；大葱，切葱花；生抽；
老抽；白糖；盐；花椒油

● 做法

1. 油烧至四成热，放入葱花和一半蒜末炒出香
味，然后放入五花肉片翻炒并调入生抽、老抽、
白糖、盐，入豆角炒匀；

2. 倒入水没过豆角，然后加盖用中火焖至汤汁
烧开，把面条散开均匀地铺在豆角上；

3. 中小火慢焖，5 分钟后打开锅盖，用筷子翻
动面条使味道均匀，再盖上锅盖继续焖，直到
锅中水分快要收干，撒上蒜末、红辣椒碎、葱花，
淋花椒油或香油，拌匀即可。

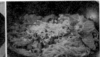

寻味攻略
destination of taste
四川、重庆

担担面

● 主料

面条
豌豆尖

● 辅料

辣椒油；香油；生抽；香葱，切末；宜宾芽菜

● 做法

1. 把辣椒油、香油、生抽、香葱末、芽菜放入碗中，
略搅拌；

2. 锅内加水烧开，豌豆尖入滚水后稍烫一下即
可捞起，放入已经拌好的调料中；

3. 面条下锅煮熟后，加入调料搅拌即成。

炸酱面

- **主料**

去皮五花肉，切丁
手擀面

- **辅料**

料酒；生抽；六必居干黄酱；甜面酱；姜，切末；葱，切末；蒜，切末；黄瓜丝；萝卜丝；豆芽

- **做法**

1 锅内放底油，油热之后中火煸炒五花肉丁，待猪油出，加料酒去腥，再加生抽，然后将猪肉丁盛出；
2. 锅内留着煸肉的猪油，用碗将黄酱和甜面酱混合均匀，用中火把酱炒一下，酱炒出香味后，倒入炒好的猪肉丁、姜末，转小火，慢慢地熬 10 分钟，加葱蒜末调味，即炸酱；
3. 配菜用热水焯一下，面煮熟后过凉，沥水，铺上炸酱及配菜即可。

炒麻食

- **主料**

面粉

- **辅料**

黄花，泡发切丁；木耳，泡发切丁；山珍蘑，泡发切丁；青笋，切丁；洋葱，切丁；西红柿，切块；鸡蛋；姜，切末；色拉油；盐；老抽；五香粉；寿司帘子

- **做法**

1. 面粉加水和成面团，醒发 15 分钟，反复揉搓至柔软光亮，擀成面片，横切成条竖切成 1 厘米见方的剂子，将剂子放在帘子上，用大拇指一捻即可；
2. 水开后，将麻食入锅煮熟，捞出浸入凉水，热锅倒油，先炒鸡蛋，滑散后捞出，锅内留底油，炒西红柿下生姜末；
3. 西红柿炒出红汤后，放入其他配菜，加盐、老抽、五香粉炒匀；
4. 将麻食捞出控干放入菜锅内，转小火，翻炒均匀，再炒少许时间即可。

鲜虾云吞面

寻味攻略
destination of taste
广东广州

● **主料**

鲜虾仁
肥肉馅
云吞皮
全蛋面

● **辅料**

蛋清；盐；高汤；生抽；鱼露；胡椒粉；香油；紫菜；
青菜；干虾仁；小葱，切葱花

● **做法**

1. 将虾仁、肥肉馅、蛋清、盐拌成馅料，其间加清水 2 次，直到所有水分都吸收进去；

2. 一张云吞皮放在手心，用筷子挑一点馅放在云吞皮的一角，然后把云吞皮慢慢沿对角卷起，卷到皮的中间，就把卷起的两边角向里折并用手捏紧；

3. 煮沸开水，将云吞煮熟捞出备用；将全蛋面煮熟，过冷水备用，将高汤、盐、生抽、鱼露、胡椒粉、香油用大火煮沸后浇入面里，加上云吞、紫菜；

4. 把青菜在汤中烫熟摆在碗的一边，最后撒上干虾仁、葱花即成。

阳春面

● **主料**

猪肥膘，切丁
切面

● **辅料**

葱，部分切段、部分切末；盐；生抽；高汤；蒜，切末

● **做法**

1. 猪肥膘丁和葱段放入锅中，倒入清水烧开，中小火煮至肥膘变成透明状，再转小火煮至水分蒸发，色呈金黄，捞出油渣，将猪油过滤后倒入干净无水的耐高温可密封的器皿中；

2. 在面碗里放入适量盐和生抽，入高汤，加入适量猪油；

3. 用一个大煮锅，加入清水，大火烧开，将切面抖散后下入锅内，拨散，水再次烧开后转中火，拨开面条，煮至面熟，捞出沥水，将面条三折后放入面汤碗中，撒上葱末和蒜末即可。

寻味攻略
destination of taste
上海

219

莜面

寻味攻略
destination of taste
山西太原

● **主料**

莜麦面粉

● **做法**

1. 莜麦面粉和温水按 1：1 的比例混合，和成面团，放置醒发；

2. 揪下一团莜面，然后用手掌搓细，做成"莜面窝窝"；

3. 蒸锅中加水烧开，将莜面窝窝放上去，蒸约 10 分钟即可，取出，略放凉理开；

4. 做好的莜面窝窝可与配菜同煎煮或拌食。

热干面

寻味攻略
destination of taste
湖北武汉

● **主料**

碱水面

● **辅料**

香油；芝麻酱；辣萝卜，切丁；盐；辣椒油；醋；胡椒面；香葱，切末

● **做法**

1. 锅内入水烧开，碱水面下锅煮至八成熟，盛起后加入香油搅拌，以免粘连，搅拌均匀后，摊开晾凉；

2. 芝麻酱中加入香油不停搅拌，使其完全稀释；

3. 锅内热水煮开，把晾好的热干面再回锅一次，烫好后迅速沥干盛入碗中；

4. 面中加入芝麻酱、辣萝卜丁、盐、辣椒油、醋、胡椒面、香葱末，拌匀即可。

燃面

● 主料

切面

● 辅料

香油；蒜，切末；辣椒油；醋；生抽；花椒面；糖；芝麻；
芽菜肉末；炒花生，碾碎；葱，切末

● 做法

1. 锅内入水烧开，下切面煮熟，放入凉白开中略
漂洗，捞出沥干水分，加入香油拌匀，防止面黏
在一起；

2. 把香油、蒜末、辣椒油、醋、生抽、花椒面、糖、
芝麻搅拌调匀后备用；

3. 把调料倒在面条上，撒上芽菜肉末、花生末和
葱末，搅拌均匀即可。

卤面

● 主料

带皮五花肉，切块
细面条
黄豆芽（或豇豆、蒜苔）

● 辅料

老抽；五香粉；姜，切片；葱，切段；料酒；盐

● 做法

1. 五花肉块用老抽、五香粉、姜片、葱段、料酒
腌 15 分钟，用蒸锅烧水，将面条上锅，水沸后中
火蒸 15 分钟；

2. 热锅倒油少许，放肉进锅，炒至五花肉出油，
放入黄豆芽，煸香，加老抽和盐，翻炒两分钟，
加温水，水开后继续烧 10 分钟；

3. 面蒸好后将面放入稍大容器中，打散，将烧好
的菜连汁一起倒到面上，充分拌匀，上蒸锅中火
再蒸 5 分钟关火即可。

凉皮

● 主料

面粉

● 辅料

黄瓜，切丝；盐；香油；蒜，捣成泥；姜，切末；生抽；辣椒油

● 做法

1. 面粉加清水，揉好后醒 10 分钟；

2. 盆内放入适量凉水，将和好的面放入水中揉洗，直到把面中的淀粉全都清洗出来，洗出的面筋则放入清水中浸泡；

3. 淀粉水自然沉淀后，把上层的清水倒掉，留下淀粉浆；

4. 准备一个浅口的不锈钢铁盆，底部均匀地刷上少量食用油，淀粉浆浇上去，使其均匀地平铺在铁盆表面，薄薄一层即可；

5. 锅内加水烧开，把铁盆放上去蒸约 5 分钟即可取出，放凉后切条即成凉皮；

6. 面筋可切成小块放入锅中煮熟；

7. 凉皮和面筋放入碗中，加入黄瓜丝、盐、香油、蒜泥、姜末、生抽、辣椒油等，搅拌均匀即可。

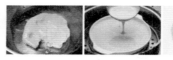

平遥碗饦

● 主料

荞麦面粉

● 辅料

盐；姜粉；黄瓜，切丝；蒜，捣成泥；干辣椒，切小段；山西陈醋

● 做法

1. 在荞麦面粉内加盐、姜粉，加水先打成面穗子，再和成硬面团；

2. 用手搓面团，待其光亮利手后，慢慢加凉水，将其稀释成稠糊状，再慢慢加水并朝同一方向不断搅动面糊，直到面糊能挂住勺碗边沿；

3. 取碗口直径为 10 厘米、深度为 2 厘米的蒸碗上笼蒸热，再擦去碗内水汽，将面糊舀入蒸碗中，大火蒸 20 分钟；

4. 将碗取出，置阴凉处冷却，沿着碗口将碗饦小心剥落，食用时，将碗饦切长条，倒入黄瓜丝、蒜泥、干辣椒段、山西陈醋制成的卤汁即可。

冷面

● 主料

荞麦面

● 辅料

胡萝卜，切段；葱，切段；牛肉，切块；酱油；盐；
姜，切片；花椒粒；八角；醋；生抽；白糖；熟鸡蛋，
对半剖开；苹果片；黄瓜片；辣白菜，切片；白芝麻；
香油

● 做法

1. 用纱布包胡萝卜段和葱段做料包；

2. 将牛肉块在冷水锅里以旺火煮开，撇去浮沫，
加酱油、盐和料包，小火炖至牛肉可以用筷子扎透，
捞出晾凉，切成薄片，煮牛肉的汤过滤倒入容器；

3. 荞麦面入开水锅里煮熟后再放入凉水中过凉，
装碗上桌，牛肉汤入锅烧开，放入姜片、葱段、
花椒粒、八角煮开后，加入醋、生抽、白糖、盐
调汁，出锅滤出汤汁放凉备用；

4. 冷面碗中加入调好的汁、鸡蛋、苹果片、黄瓜片、
辣白菜片、牛肉片，撒上白芝麻再淋上香油即可。

丁丁炒面

寻味攻略
destination of taste
新疆

● 主料

牛肉，切丁
面粉

● 辅料

盐；洋葱，切丁；葱，切末；蒜，切末；西红柿，
去皮切丁；青椒，切丁；红椒，切丁；孜然

● 做法

1. 面粉中加入盐、清水，和成面团，醒2个小时，
醒好的面团擀成长面片，切成小丁；

2. 锅内入水烧热，放下面丁煮熟后捞起，放入凉
水中略浸泡，捞起沥干，加入食用油拌匀；

3. 锅内余油烧热，加入洋葱丁、葱蒜末炒香，下
牛肉丁煸炒，加入西红柿丁，炒出西红柿汁，加
入青红椒丁，略翻炒后加入面丁，等面丁充分吸
收西红柿汁后，加盐、孜然，大火翻炒即可出锅。

寻味攻略
destination of taste
吉林延边

拉条子

寻味攻略
destination of taste
新疆

● 主料

面粉

牛肉，切片

● 辅料

葱，斜刀切片；姜，切末；蒜，切末；洋葱，切丝；盐；孜然；西红柿，切片；青辣椒，切丝；红椒，切丝

● 做法

1. 容器加入适量水，盐少许，逐步加入面粉，慢慢和面，和到不粘手的程度放置醒30分钟，然后把面团切开，手上沾少许食用油将切开的面团搓成面条放入盘中，用保鲜膜覆盖继续醒1个小时；

2. 锅内入水烧开，将已经醒好的面条拉细（约筷子粗）即可入锅，煮熟后捞起，用凉白开冲一下备用；

3. 锅内入底油烧热，葱片、姜蒜末、洋葱丝入锅爆香，下牛肉片翻炒，加盐和孜然调味，下西红柿片、青红椒丝继续翻炒；

4. 牛肉片快熟时，加入少量水，将面条下锅迅速翻炒，大火收汁起锅。

台南度小月担仔面

寻味攻略
destination of taste
台湾台南

● 主料

油面

● 辅料

豆芽菜；肉臊；鲜虾，过沸水烫熟；虾汤；香菜，切段；蒜，剁碎粒；乌醋

● 做法

1. 烧一锅沸水，下油面烫熟，加入豆芽菜，将熟面和豆芽菜一起捞出，盛入碗中备用；

2. 另起一锅加入底油烧热，下肉臊炒熟；

3. 面碗中加入炒熟的肉臊、烫好的鲜虾、虾汤、香菜段、蒜粒、乌醋拌匀即可。

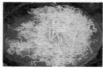 

寻味攻略
destination of taste
四川成都

鸡丝凉面

● 主料

细切面

● 辅料

鸡腿肉；葱，一半切段、一半切葱花；姜，部分切片，部分捣成汁；花椒粒；黄豆，泡发；香油；黄瓜，切丝；绿豆芽，焯熟；辣椒油；蒜，捣成汁；白糖

● 做法

1. 将鸡腿肉和葱段、姜片一起放入沸水中，中火煮 20 分钟左右；

2. 盛出，迅速用凉水冷却，去除鸡皮，将肉撕成细丝备用；

3. 用干锅将花椒粒炒出香味，擀成花椒粉；

4. 将泡好的黄豆倒入热油中，中火炸至黄豆浮起，盛出沥油；

5. 将细切面煮熟盛出，沥水，充分挥发水分后，加适量香油拌匀，晾凉；

6. 在制好的凉面上，分别加入炸黄豆、黄瓜丝、焯好的绿豆芽、花椒粉、辣椒油、姜蒜汁、鸡肉丝、葱花以及白糖。

康家脆哨面

● 主料

猪颈肉，去皮、肥瘦分开、切小丁
鸡蛋细面条

● 辅料

盐；料酒；红糖；熟猪油；姜，切末；紫菜，泡发；绿豆芽，焯熟；高汤；胡椒粉；香油；辣椒面；葱，切葱花

● 做法

1. 肥肉丁入锅，加盐、料酒炒到金黄色，倒入瘦肉丁，煸出油后加入红糖，肉丁呈深红色后，加少量冷水；

2. 肉丁微脆时滗油，起锅，冷却，制成脆哨；

3. 热锅化熟猪油，炒香姜末，加清水烧开，加处理好的紫菜、绿豆芽，放盐、高汤、胡椒粉、香油做成汤备用；

4. 另起锅，开水煮面条，滤干水分装入碗中，放炒好的脆哨、辣椒面、葱花食时配汤即可。

寻味攻略
destination of taste
贵州贵阳

疙瘩汤

寻味攻略
destination of taste
黑龙江、吉林、辽宁

● 主料

鸡蛋
面粉
虾仁，切丁
菠菜，开水烫后、切末

● 辅料

高汤；盐；香油

● 做法

1. 将鸡蛋磕破，取鸡蛋清与面粉和成黄豆粒大小的面屑，再撒入少许面粉，搓成疙瘩；
2. 将高汤放入锅内，放入虾仁丁，加盐，待水开后加入面疙瘩，煮熟，淋入鸡蛋黄，加入菠菜末，淋上香油即可。

胡辣汤

寻味攻略
destination of taste
河南逍遥镇

● 主料

高汤

● 辅料

肉丁；面筋，切丁；海带，切丝；木耳，切丝；土豆，切丝；胡萝卜，切丝；干黄花菜，泡发切段；花生粒；豆腐皮，切丝；红薯粉条，泡发；姜，切末；老抽；盐；五香粉；胡椒粉；淀粉，加水兑成芡汁；香油；香葱，切末；香菜，切段；醋

● 做法

1. 把高汤加热，依次序加入肉丁、面筋丁、海带丝、木耳丝、土豆丝、胡萝卜丝、黄花菜段、花生粒、豆腐皮丝、红薯粉条等辅料；
2. 煮沸后，加入姜末、老抽、盐、五香粉、胡椒粉调味，往锅中倒入芡汁勾芡；
3. 起锅时，加入香油、香葱末、香菜段提味，可根据自己口味加醋。

浆水面

● 主料

白菜
面汤（微烫）
韭菜，切段
手擀面（或切面）

● 辅料

干辣椒，切段；盐

● 做法

1. 白菜叶在沸水中焯一下，盛出，沥干；
2. 沥干的白菜放入坛子中，加入微烫的面汤，加盖，3 ~ 5 天后即成浆水，备用；
3. 热油炝干辣椒段，加入浆水，烧开后加盐备用；
4. 热油炝炒韭菜做菜码，备用；
5. 清水煮面，盛出，以煮好的浆水和炒好的韭菜相拌，即食。

揪片

● 主料

面粉

● 辅料

盐；姜，切末；蒜，切末；猪里脊肉，切片；五香粉；辣椒面；西红柿，去皮、切片；青菜，切段；陈醋

● 做法

1. 面粉加盐加水揉成面团，将面团揪成若干剂子，每个剂子都搓成细长的面坯子，然后用保鲜膜裹住，醒 30 分钟左右；
2. 将醒好的面坯子都擀成厚度大约为 5 毫米的面片，再切成宽度为 3 厘米左右的长条，然后将长条横向拉扯，再纵向揪断，将揪好的面片下入沸水锅中煮大约 2 分钟，捞出，凉水过凉后备用；
3. 另取一锅，油烧热后放姜蒜末爆香，然后下猪里脊肉片翻炒，撒上五香粉、辣椒面，炒至肉熟后加西红柿片煸炒，最后放入晾好的面片、青菜段炒匀，加醋即可装盘。

寻味攻略
destination of taste
山东济南

● **主料**

小麦淀粉

豌豆，切片

● **辅料**

熟面粉；糖玫瑰；糖桂花；糖猪板油，切丁；白糖；青红丝，切成碎粒；橘饼，切成碎粒；核桃仁，切成碎粒；冰糖，压成碎屑；熟猪油

● **做法**

1. 熟面粉加入糖玫瑰、糖桂花拌成熟面粉料；

2. 糖猪板油丁加入白糖拌匀后，加入青红丝粒、橘饼粒、核桃仁粒、冰糖屑搅拌均匀，再加入熟面粉料拌匀制成馅；

3. 将小麦淀粉和豌豆片混在一起，加入沸水，边加水边搅拌，直到搅成半透明的熟面团为止；

4. 将拌好的面团放在案板上，稍冷却后加入熟猪油擦匀擦透；

5. 将面团搓条摘剂，逐个按扁，包入馅料，捏严封口再按扁；

6. 将饼坯用锡箔纸包裹，入烤箱烤至金黄色即成。

翡翠水晶饼

清油盘丝饼

● **主料**

面粉

● **辅料**

盐；小苏打；香油；白糖；青红丝

● **做法**

1. 在面粉中加入盐和小苏打，用温水和成面团，醒 30 分钟；

2. 把醒好的面团搓成长条状，抻成细面条，刷上香油，按个人喜好分成若干等份，然后将每份面条盘起来，轻轻按压一下，即成圆饼状；

3. 平底锅烧热，入少许底油，转中火下圆饼，煎至两面金黄即可出锅；

4. 烙好的盘丝饼略晾凉，用手略撕开，即成丝状，放入小盘中，加入白糖和青红丝即可食用。

寻味攻略
destination of taste
陕西

228

肉夹馍

寻味攻略
destination of taste
陕西西安

● **主料**

猪肉，选皮薄、硬肋条优质猪肉
白吉馍

● **辅料**

姜，切片；大葱，切段；料酒；盐；冰糖；老抽；生抽；
调料包（包括草果、蔻仁、丁香、桂皮、大香、花椒、
八角、陈皮、白芷、茴香）；高汤

● **做法**

1. 将猪肉肉皮朝上，摆放在锅中，加上姜片、葱段、
料酒、盐、冰糖、老抽、生抽；
2. 然后将调料包放入锅内，倒入高汤以大火烧开，
转文火焖煮，去浮沫；
3. 炖煮 3 小时后提出剔骨，即成腊汁肉；
4. 白吉馍中间剖开，加入剁碎的腊汁肉即可。

锅盔

寻味攻略
destination of taste
陕西、甘肃

● **主料**

面粉

配料

酵母粉；盐；五香粉；黑芝麻

● **做法**

1. 酵母粉用温水化开后加入面粉中，和成软面团
醒发；
2. 将醒好的面团揉匀，用擀面杖擀制成厚度均匀
的面片，抹上食用油，均匀撒上盐和五香粉，慢
慢向上卷起；
3. 将卷好的面片搓成细条，以一端为轴心，另一
端逐渐卷起来，形成圆形，用擀面杖擀成面片，
撒上少量清水，使黑芝麻能够很好地贴上去；
4. 平底锅入油烧热，下入锅盔，用中火慢慢煎至
两面金黄即可。

229

胡椒饼

● 主料

中筋面粉
梅花肉，切末

寻味攻略
destination of taste
台湾台北

● 辅料

白糖；酵母粉；泡打粉；生抽；老抽；盐；五香粉；
黑胡椒粉；香葱，切末；白芝麻

● 做法

1.酵母粉和白糖用温水化开加入面粉中，放入泡打
粉，少许油和水揉成光滑的面团，醒 15 分钟；
2.把肉末、生抽、老抽、白糖、盐、五香粉、黑胡
椒粉搅拌均匀成内馅；
3.醒好的面团依个人喜好分成若干等份，每一份包
入香葱末和内馅，底部的面皮可略厚，润湿双手，
在表皮撒上适量白芝麻，放上烤盘；
4.烤箱预热到 180℃，烤制 20 ～ 25 分钟即可。

驴肉火烧

寻味攻略
destination of taste
河北河间

● 主料

面粉
酱驴肉，剁碎

● 辅料

盐；青椒，剁碎

● 做法

1. 面粉加盐、温水，和成面团，放置 20 分钟；
2. 面团揪成剂子，剂子擀成长条，涂一层油；
3. 将面饼长头对折两次，擀成长方形面饼；
4. 平底锅加少许油，放入面饼，小火烙熟；
5. 将面饼从中间剖开，夹入切好的驴肉碎、青椒
碎即可。

春饼

寻味攻略
destination of taste
北京

● **主料**

面粉

● **辅料**

酱肉丝；豆芽；黄瓜丝；胡萝卜丝

● **做法**

1. 将80℃的水倒入面粉中，边倒边搅拌，至没有太多干面粉即可，和成面团，盖上纱布，醒30分钟，将醒好的面团揉成长条，用刀将长条切成大小均匀的面剂子，每个剂子比平时吃的水饺剂子略大一点；
2. 将切好的面剂子揉压成均匀的小圆饼，将面饼一面抹上薄油，将两个面饼有油的一面对叠按紧，将两个按紧的面饼擀成薄饼；
3. 将不粘锅洗净放在小火上，不用放油，将擀好的薄饼放入不粘锅，慢慢烙成两面微微泛黄即可出锅，将薄饼撕开，卷入配菜即可食。

西葫芦鸡蛋虾皮饺子

寻味攻略
destination of taste
北京

● **主料**

面粉

● **辅料**

西葫芦；鸡蛋；虾皮；大葱，切葱花；五香粉；盐；油；粉条

● **做法**

1. 面粉加温水和成面团，盖湿布醒半个小时后揉光滑，粉条泡软切碎，西葫芦擦丝、放盐腌10分钟；
2. 锅内入底油，将西葫芦丝炒软，盛出沥油，蛋打散入锅，入葱花、虾皮炒散，把所有馅料放一起，加盐、五香粉搅拌均匀即馅；
3. 把面揉成长条，揪剂子，擀皮，放入适量的馅捏成饺子，锅中水烧开，入饺子煮熟即可。

茴香酥油果

寻味攻略
destination of taste
宁夏

● **主料**

高筋面粉

● **辅料**

鸡蛋，打散；白糖；可可粉；姜黄粉

● **做法**

1. 高筋面粉加入鸡蛋液、白糖、水搅拌，和成面团；
2. 把面团分成两块，一块加入可可粉，另一块加入姜黄粉，分别揉成可可面团和姜黄面团；
3. 将两块面团压成薄片，叠放在一起，卷成条，切到三分之二的深度，连续切5次之后切断；
4. 锅内入底油烧热，放入切好的面块，炸至外皮金黄酥脆即可。

淮扬春卷

寻味攻略
destination of taste
江苏、浙江

● **主料**

面粉

● **辅料**

盐；豆芽；韭黄；猪五花肉，切丝；淀粉，兑水调成芡汁

● **做法**

1. 面粉加少许盐、清水，和成面团，稍醒；
2. 将豆芽、韭黄、猪肉丝调成三丝馅，加入盐搅拌均匀，制成馅料；
3. 面团分成小剂子，擀成圆形的"春卷皮"，再包入馅料，从一侧卷起，两端包严，用芡汁收口，下入热油锅炸透，呈金黄色时捞出沥油装盘即可。

韭菜合子

寻味攻略
destination of taste
辽宁

● **主料**

面粉

● **辅料**

花生油；鸡蛋，打散；韭菜，切末；水发粉丝，切长段；海米，切碎；水发木耳，剁碎；水发腐竹，剁碎；姜，切末；盐；高汤；香油；料酒

● **做法**

1. 砂锅烧热后倒入花生油，油热时，把蛋液倒入，炒熟离火，用铲子铲碎后盛入盆内；

2. 盆内继续放入韭菜末、粉丝段、海米碎、木耳碎、腐竹碎、姜末，然后再加盐、高汤、香油、料酒拌均匀，制成馅儿；

3. 面粉用温水和成面团，在案板上揉光，揪面剂，擀成薄饼，在饼上放一层馅儿，再盖上一个饼；

4. 将平底锅置于火上，锅底抹一层花生油，烧至七成热时，将做好的菜合放入，烙至两面金黄即成。

黄馍馍

寻味攻略
destination of taste
陕北绥德

● **主料**

糜子面

● **辅料**

酵母粉；碱；枣泥；饭豇豆

● **做法**

1. 将糜子面倒入炒锅反复翻炒，炒至黄色，略带甜味为止；

2. 用 35℃左右的凉开水和面，加酵母粉，面要和得硬一点；

3. 将和好的面，在 35℃的温度下发酵 8 小时，发好的面表面有开裂，体积膨大；

4. 兑碱揉团，将准备好的枣泥、饭豇豆包进去；

5. 上笼蒸 20 分钟左右，先用大火蒸 10 分钟，改为中火蒸 5 分钟，后用小火蒸 5 分钟，即可出笼装盘，晾凉放在阴凉处。

蟹壳黄

寻味攻略
destination of taste
上海

● **主料**

面粉，按照 2：1 的比例分为大小两份

● **辅料**

葱，切末；夹肥猪肉，切末；盐；黑胡椒粒；泡打粉；白糖；酵母粉，加水调成酵母糊；猪油，按 2：1 比例分大小两份；鸡蛋，取蛋黄；芝麻

● **做法**

1. 将葱末、夹肥猪肉末、盐和黑胡椒粒拌匀，制成内馅备用；
2. 将量多的那份面粉加泡打粉和白糖拌匀，倒入温水，用擀面杖搅拌成雪花状面，再加入酵母糊和小分量的猪油，揉至光滑，包上保鲜膜松弛 15 分钟后，分割成若干个小面饼团，是为水油皮；
3. 将剩下面粉和猪油揉搓成油酥团，再分割成约为水油皮一半大小的小油酥团，搓圆，然后取一个水油皮包入一个油酥团，包好收口捏紧；
4. 用掌心压扁，擀成牛舌状，由下往上卷起；换一方向，压扁，再擀卷一次，制成小圆柱体，盖上保鲜膜松弛 15 分钟；
5. 用擀饺子皮的方法，将松弛好的小圆柱体擀成中间稍厚、四边薄的圆形片状，包入备好的内馅，收口捏紧；
6. 刷上蛋黄液，撒上白芝麻，排放在烤盘中，入烤箱，用 180℃约烤 25 分钟即成。

寿县大救驾

寻味攻略
destination of taste
安徽寿县

● **主料**

面粉，按照 3：2 的比例分成大小两份

● **辅料**

熟猪油；白糖；冰糖，碾碎；果料（青红丝、青梅、橘饼均切碎粒）；香油

● **做法**

1. 取量少的那份面粉用熟猪油和成油酥面团，余下的面粉加水和成水面团；
2. 白糖、冰糖碎、果料加香油一起拌匀成糖馅心；
3. 水面团和油酥面团按照 2：1 的比例大小分别揪剂后，油酥面剂揉成团，水面剂擀成圆片，然后把油酥面团包入水面圆片内，用擀面杖擀成椭圆形薄片；
4. 将薄片横过来折叠卷起，用擀面杖横擀成细长面片，然后将调好的糖馅均匀撒在抹了香油的细长面片上，从一头起用面片包糖馅卷成圆筒形，再按成圆饼，即为大救驾生坯；
5. 将做成的生坯，放入烧热的香油锅中用慢火炸透即成。

寻味攻略
destination of taste
四川成都

寻味攻略
destination of taste
山东青岛

龙抄手

● 主料

面粉
猪腿肉，按肥三瘦七的比例用刀背捶剁成泥

● 辅料

盐;鸡蛋,打散;姜,榨汁;胡椒面;高汤;香油;原汤;
鸡油

● 做法

1.把面粉放案板上呈"凹"形,加盐、清水、部
分蛋液,调匀后揉成面团,然后用擀面杖擀成纸
一样薄的面片,切成四指见方的抄手皮备用;
2.将猪腿肉泥加入盐、姜汁、胡椒面、高汤、剩
下的蛋液,搅成干糊状,再加香油拌匀,制成馅心;
3.取一筷子头的馅心包入抄手皮中,对叠成三角
形,再把左右角向中间叠起粘合,成菱角形抄手坯;
4.锅中加入清水烧沸,下入包好的抄手坯,煮至
浮起时捞出;
5.取一小碗,倒入原汤,加盐、胡椒面、鸡油调匀,
然后放入煮熟的抄手即成。

鲅鱼水饺

● 主料

鲅鱼
猪肉,剁成馅
面粉

● 辅料

胡椒粉;料酒;老抽;姜,切末;高汤;韭菜,切段、
剁成馅;盐

● 做法

1.去除鲅鱼内脏,从头部开始顺鱼骨将鱼身剖成
两半;
2.再用斜刀分离鱼皮,剔除鱼骨、鱼刺;
3.将鱼肉剁碎,边剁边加清水;
4.将猪肉馅与鱼肉馅按1:2比例混合,边剁边加
清水,将二者剁匀;
5.将馅料倒入盆中,加胡椒粉、料酒、老抽、姜末、
高汤以及适量清水,搅拌均匀,韭菜馅与肉馅混合,
加油、盐,搅拌均匀;
6.面粉加水和面,做剂,擀皮;
7.将馅料包成元宝形,下锅煮熟即可。

235

南翔小笼馒头

● **主料**

面粉

● **辅料**

夹肥猪肉，切末；盐；白糖；生抽；麻油；肉皮冻，切粒

● **做法**

1. 夹肥猪肉末加盐、白糖、生抽、麻油，顺一个方向搅拌匀，加水再搅成水肉融合的糊状，再加肉皮冻粒拌匀，即成肉馅；

2. 面粉加水揉成面团，揪剂，擀成面皮，包入肉馅，用手折叠捏合成小肉包；

3. 将包好的肉包逐个放在底部垫有蓑草层的小笼屉上，用大火蒸 10 分钟即成。

猪油包

● **主料**

生猪板油，切丁
面粉

● **辅料**

白糖；淀粉；泡打粉；鲜奶；熟猪油；鸡蛋，取蛋清；醋

● **做法**

1. 生猪板油丁与白糖按 1∶1 的比例拌匀，即成馅；

2. 面粉、淀粉、泡打粉拌匀过箩；

3. 白糖、鲜奶、熟猪油、鸡蛋清调匀，与混合面粉一起揉成面团；

4. 面团内加入醋，搓揉光滑后醒 20 分钟；

5. 面团揪成剂，压扁，放入馅，制成生坯；

6. 生坯下垫一小张油纸，上笼旺火蒸 15 分钟即可。

寻味攻略
destination of taste
江浙、两广

菜肉烧卖

● **主料**

小麦粉
上海青，取菜心
猪五花肉，煮熟、切成 0.5 厘米见方的丁

● **辅料**

盐；白糖；熟猪油；葱，切葱花；姜，切末；虾籽；生抽；
香油

● **做法**

1. 小麦粉加温水和成面团，揉匀揉透，醒片刻，揪成剂子，逐个拍扁，擀成直径约 8 厘米的圆皮，菜心入沸水焯，捞起沥干，切成碎末，加入盐、白糖、熟猪油拌匀；

2. 油入锅，放入葱花、姜末炸香，入猪肉丁略煸，加虾籽、生抽、白糖、盐、清水少许，煮沸，至汤汁浓时盛起，倒入香油，凉透后与菜心末拌匀；

3. 擀好的皮加入馅料，包成花瓶状放入笼内，置旺火上蒸 10 分钟，待外皮油亮、不粘手时即可食用。

● **主料**

糯米粉

驴打滚

● **辅料**

黄豆面；红豆沙

● **做法**

1. 糯米粉加水揉成面团，压平，带盆入蒸锅，大火蒸 20 分钟，取出用保鲜膜包好；

2. 趁糯米面团温热，黄豆面均匀地撒在案板上，将糯米团放在黄豆面上，撒一层黄豆面，再将糯米面团擀压成一张面皮；

3. 开最小火将黄豆面翻炒成均匀的浅褐色，倒入筛网中，筛去颗粒和结块，彻底放凉；

4. 将红豆沙均匀涂抹在糯米面皮上，从较宽的一边开始，翻卷成卷状，要卷得紧密、粗细一致，再切成小段，将滤净后的黄豆面均匀地撒在豆面糕上即可。

寻味攻略
destination of taste
北京

排叉

● 主料

面粉

● 辅料

姜，部分切细末、部分切丝；淀粉；白糖；饴糖；桂花

● 做法

1. 面粉和姜末一起放入盆中，用凉水和成面团；
2. 将面团压成薄片，撒上淀粉，对折，用刀切成宽 2 厘米、长 5 厘米的排叉条，再将两小片叠到一起，中间顺切三刀，散开成单片，将面片的一头从中间穿过去，用温油炸，见颜色变黄，捞出；
3. 用水把姜丝熬开后捞出姜丝，熬成的姜汁中放入白糖，开锅后放饴糖、桂花；
4. 将炸好的排叉加入姜汁熬出的桂花饴糖中，小火过蜜。

咯吱盒

● 主料

绿豆面
面粉
鸡蛋

● 辅料

花椒粉；盐；芝麻

● 做法

1. 将绿豆面和面粉按照 1：1 的比例混合，然后加入花椒粉、盐、鸡蛋、水，调成咯吱糊；
2. 面粉加水，调成面糊；
3. 平底锅抹油，把咯吱糊摊在锅里，摊好后铺在案板上，卷成卷，把调好的面糊抹在封口处，封口后，在外侧涂上面糊，沾上芝麻；
4. 锅中倒油，把咯吱卷切成段下锅，炸至金黄松脆即可捞出。

手把馓子

● **主料**

高筋面粉

● **辅料**

盐；白糖；花椒水

● **做法**

1.高筋面粉加入盐、白糖、花椒水、清水和成面团备用；

2.将面团搓成细条，放入油中浸泡5分钟备用；

3.放入120℃的清油中油炸至金黄色即可出锅装盘。

● **主料**

面粉

糖耳朵

● **辅料**

酵母粉；碱；红糖；饴糖

● **做法**

1.酵母粉加温水静置5分钟，加入面粉和面，发1小时，加入碱和成发面，另取一些面粉，加红糖和成糖面；

2.将发面和糖面分别擀开，两张发面片夹一张糖面片，切成5厘米宽的长条；

3.长条的一个长边压薄，切成3厘米宽段，中间开一刀口，将薄边从刀口中穿过、翻转，与厚边相连，捏好，做成耳朵形坯子；

4.锅内花生油烧至油面向四周翻动，放入做好的坯子，炸至金黄色盛出，沥油，趁热在饴糖中浸透1分钟，盛出晾凉即可。

生煎

寻味攻略
destination of taste
上海

● 主料

酵母粉
面粉
猪肉，剁成馅
肉皮冻

● 辅料

盐；生抽；料酒；小葱，切葱花；姜，切末；黑芝麻

● 做法

1. 温水化开酵母粉成酵母水，放置 5 分钟再倒入面粉中，温水和面；

2. 猪肉馅中加入盐、生抽、料酒、葱花、姜末、肉皮冻拌匀；

3. 发好的面团搓成长条，切成剂子，剂子擀成中间厚、边缘薄的圆面片，包馅；

4 煎锅热了放入少量油，将生煎包码入，煎至底部金黄，倒入清水，没至生煎三分之一处，撒上葱花和黑芝麻，大火煮开改小火，焖至水分收干，掀开锅盖，收干生煎表皮水分即可。

艾窝窝

● 主料

面粉
核桃，炒熟、碾碎、冷却
瓜子，炒熟、碾碎、冷却
芝麻，炒熟、碾碎、冷却
糯米，清水泡一晚、沥干水分

寻味攻略
destination of taste
北京

● 辅料

白糖；山楂，切小丁

● 做法

1. 面粉隔水蒸，开锅后再蒸 15 分钟，取出；

2. 将蒸好的熟面粉晾凉、碾碎、擀细；

3. 将核桃碎、瓜子碎、芝麻碎搅拌在一起碾碎，放入碗中加白糖、少量熟面粉拌馅，拌匀备用；

4. 沥干水分的糯米放入蒸锅，隔水蒸 15 分钟，蒸至略黏；

5. 将蒸好的糯米微微捣烂，捣成糯米饭；

6. 取一块糯米饭揉成圆球，充分沾上熟面粉；

7. 将饭团压成面片，裹馅，包成圆形艾窝窝；

8. 在熟面粉中滚一圈，码好，中间点缀山楂丁即可。

懒龙

● 主料

面粉
猪肉，剁成馅

● 辅料

酵母粉；葱，切末；姜，切末；蒜，切末；盐；生抽；
五香粉

● 做法

1. 酵母粉用温水化开，放入面粉中，逐步加入清水和面，揉成面团放置2个小时；
2. 猪肉馅中加入葱末、姜末、蒜末、盐、生抽、五香粉、油搅拌均匀；
3. 把面团取出，再揉一下之后擀成饼状；
4. 把拌好的肉馅均匀地铺在面饼上，慢慢卷起，在封口处稍微捏合；
5. 蒸锅入水烧开，将懒龙放入蒸格，蒸20～30分钟即可。

丝娃娃

● 主料

面粉

● 辅料

绿豆芽；海带丝；芹菜，切段；蕨菜，切段；生抽；醋；
麻油；姜，切末；葱，切葱花；煳辣椒；酥黄豆

● 做法

1. 面粉加开水拌成散面团，分次加冷水，揉成软硬适中的光滑面团，醒30分钟，切一块醒好的面团，撒干面粉稍揉一下，搓成长条，用刀分成小面块，压成小面饼，在面饼上刷一层油备用；
2. 取两个小面饼，将刷油的面叠在一起，擀薄，加热平底锅，放入擀好的生饼，中火烙至两面微微泛黄即可；
3. 将绿豆芽、海带丝、芹菜段、蕨菜段用开水焯过，入盘，将生抽、醋、麻油、姜末、葱花、煳辣椒兑成汁，饼皮中放入各种素菜包成上大下小的兜形，放入酥黄豆，淋兑好的汁即成。

寻味攻略
destination of taste
北京

寻味攻略
destination of taste
贵州贵阳

锅烙

● **主料**

猪肉，剁成馅

面粉，小部分兑水调成稀面糊

● **辅料**

盐；花椒面；葱，切末；姜，切末；香油

● **做法**

1. 将猪肉馅加入盐、花椒面，拌匀，加水、葱姜末、香油，调匀；

2. 热水和面，将面团醒 15 分钟，把醒好的面团搓成条，揪剂，擀成圆面皮；

3. 将准备好的馅料包入面皮中，包成饺子形状的生坯；

4. 平底锅加入少许油，抹匀，待油热后放入生坯，大火煎至底部微黄；

5. 将调好的稀面糊慢慢倒入锅中，形成薄薄一层"冰花"，待冰花呈金黄色即可出锅食用。

● **主料**

玉米面

黄豆面

糊饼

● **辅料**

虾皮；料酒；白糖；白胡椒粉；盐；鸡蛋；韭菜，切段

● **做法**

1. 将玉米面和黄豆面按 5：1 的比例混合均匀，加水和成面糊，放置 15 分钟；

2. 锅内放少许油，将虾皮炒成金黄色；

3. 在鸡蛋中加入料酒、白糖、白胡椒粉、盐搅拌均匀，入油锅炒熟并搅散；

4. 将鸡蛋、虾皮放入韭菜段中，加油、盐均匀搅拌成韭菜馅；

5. 在平底锅内涂一层油，将面糊倒入锅中，用铲子或直接用手将面糊压薄成饼，将韭菜馅放一些在玉米饼上，并摊匀，盖上盖子，小火烙 5 分钟，烙好的饼底部有些焦黄，上面的韭菜也熟了即可。

寻味攻略
destination of taste
新疆

炒面片

● 主料

面粉

● 辅料

姜，切末；蒜，切末；牛肉，切片；盐；孜然；辣椒面；西红柿，切片；小油菜，择成小片

● 做法

1. 加入适量清水和面，将面团搓成粗面条，手上沾少许食用油将粗面条压扁放入盘中，盖上保鲜膜，醒 15 分钟即可；

2. 锅内下底油烧热，中火爆香姜蒜末，下牛肉片翻炒，加入盐、孜然、辣椒面调味，下西红柿片、小油菜片翻炒后关火；

3. 另起一锅，锅内入水烧开，加入少许盐，把面片揪入水中煮熟即可捞起；

4. 把面片倒入炒锅中，开火略炒即可。

炒咯吱

● 主料

绿豆粉
小米粉

寻味攻略
destination of taste
北京

● 辅料

淀粉；老抽；料酒；醋；糖；香菜

● 做法

1. 将绿豆粉、小米粉按 1：1 的比例混合，加水搅拌成面糊，将调好的面糊均匀地摊在锅内，用小火将面糊慢慢烤焦；

2. 将烤熟的咯吱切成长 5 厘米、宽 1 厘米的小块，倒入油锅，炸至金黄捞出，沥干油后，再入油锅炸至脆皮；

3. 用淀粉、老抽、料酒、醋、糖调成芡汁，倒入炒锅再倒入咯吱和香菜搅拌均匀即可。

安多面片

● **主料**

面粉
羊肉，切薄片

● **辅料**

盐

● **做法**

1. 面粉加温水揉成面团，偏软即可，盖上纱布发醒后，用刀切成 10 厘米长的厚块，表面涂上少许油，盖上纱布醒 30 分钟；
2. 锅内加入适量水烧开，加入羊肉片和盐，略煮成肉汤；
3. 面块压扁呈长条形，抻长后一块块拉断投入肉汤中煮熟即可。

● **主料**

面粉

葱油火烧

● **辅料**

咸猪板油，切丁；葱，切末；高汤；盐

● **做法**

1. 将咸猪板油丁与葱末、高汤拌匀，在面粉中加油，擦成干油酥，另取面粉加油、盐和成稀油酥，再取面粉加沸水烫成雪花面，加凉水揉成软面团；
2. 案板抹油，将面团的一半置于案板上揿成长方形，将一半干油酥均匀地涂在上面，卷成长条切面剂并按扁，取一半稀油酥，均匀抹在面皮上，将葱末、板油丁馅均匀涂在上端，将面皮提起包住馅心，卷成圆筒状竖起来，按成饼形状即生坯；
3. 平底锅烤热刷油，烙生坯，边烙边将圆饼面积揿大，待饼底出现黄斑时，烙另一面，同时刷油，至出现黄斑即可，将火烧排放在烤盘，放进烤箱，刷上一遍油烤熟即可。

鸡蛋灌饼

寻味攻略
destination of taste
河南信阳

● 主料

面粉

● 辅料

盐；葱，切葱花；鸡蛋，打散、加盐

● 做法

1. 将面粉加盐、温水，水要稍热才能和成软面；
2. 面团揪成剂子，擀成薄饼，刷一层油，撒上葱花；
3. 将面饼卷成条，再盘成圆盘，用手按压，擀成圆饼
4. 平底锅加底油烧热，刷油，放入圆饼，在饼的上面刷一层油，来回翻个儿，并不停刷油；
5. 烙至金黄色，在面饼表面戳开一个小口，倒入处理好的鸡蛋液，上下翻烙至酥黄即可。

子推蒸饼

● 主料

面粉

寻味攻略
destination of taste
山西介休

● 辅料

酵母粉；胡椒粉；葱，切葱花；胡萝卜，擦泥、挤干水分

● 做法

1. 温水化酵母粉，静置 5 分钟；
2. 把面粉与酵母水拌匀，揉成表面光滑的面团，置于暖处，醒发至原面团的两倍大，反复揣面至光滑；
3. 将面团搓成圆柱形的长条面团，切成若干剂子；
4. 将剂子擀成薄片，在其表面均匀涂抹油；
5. 撒上胡椒粉、葱花、胡萝卜泥，卷成长条；
6. 捏住长条面团的一端，向里卷曲成圆饼状饼坯；
7. 用擀面杖在饼坯上轻轻擀压几下，醒20分钟后上锅蒸熟。

蜜汁锅炸

寻味攻略
destination of taste
四川成都

● **主料**

面粉，细箩筛过

鸡蛋，打散

● **辅料**

干淀粉；白糖；熟芝麻

● **做法**

1. 将筛过的面粉和干淀粉混合均匀，加水和鸡蛋液调成浆，锅内烧开水，慢慢倒入浆，边倒边用勺搅动，直至全部熟透；
2. 将煮熟的面浆倒入事先抹好油的盘内，及时按压成1厘米厚的方形面饼；
3. 面饼晾凉后，切成1厘米宽、4厘米长的条，滚满干淀粉；
4. 锅内注水，加白糖，用小火熬成蜜似的糖汁；另起一锅，烧沸花生油，放入滚满淀粉的面饼，炸至表面金黄，捞出沥干油，浇上糖汁，撒上熟芝麻即可。

小麻花

寻味攻略
destination of taste
湖北崇阳

● **主料**

面粉

● **辅料**

泡打粉；鸡蛋，打散；白糖；芝麻

● **做法**

1. 将面粉与泡打粉拌匀，倒入鸡蛋液、溶解了白糖的糖水、油以及适量清水，揉和成面团，醒15分钟；
2. 将发好的面团分割成均匀的剂子，揉搓成长条；
3. 将长条对折，搓成麻花的形状；
4. 再次对折，搓成麻花的形状；
5. 沾上芝麻，制成麻花坯子；
6. 将油烧至油面有热气蒸腾，将麻花坯子放入，小火炸至金黄色，捞出沥油装盘。

千层油糕

寻味攻略
destination of taste
江苏扬州

● 主料

高筋面粉
生猪板油，撕去薄膜、切成 0.8 厘米见方的丁

● 辅料

白糖；泡打粉；酵母粉；熟猪油；红瓜，切丁

● 做法

1. 将猪板油丁用白糖拌匀，腌渍3天即成糖板油丁；
2. 面粉、泡打粉、酵母粉、白糖混合后加入水揉制成面团；
3. 将面团擀成长方形面皮，表面刷一层熟猪油，铺上糖板油丁；
4. 将面皮卷起呈圆筒状，再把圆筒横放在案板上，压扁，擀成长方形，再将面皮两边向中间对折后复合，做成一个正方形糕坯；
5. 糕坯表面撒上红瓜丁，放入涂好熟猪油的笼中，上旺火隔沸水蒸约1小时即可出笼，待凉后用快刀切形，食时上笼复蒸后即可上桌。

草帽饼

寻味攻略
destination of taste
黑龙江
哈尔滨

● 主料

面粉

● 辅料

盐；大豆油

● 做法

1. 面粉加温水、盐和成稍硬的面团，醒15分钟；
2. 案板抹上油，将醒好的面团搓条、揪剂，擀成薄片，在两面都刷上一层油，然后双手捏住面片的两个头，一反一正地反复折叠到头为止，抻长，从一侧盘绕成草帽状，另一侧抻开作底，再醒片刻，醒好的饼剂擀成圆饼状；
3. 平底锅置于火上，倒入布满锅底的大豆油，烧至七成热时，把面饼用擀面杖托着放入锅中，用两手掌推转，烙至定型后，将饼翻转，继续边刷大豆油边用手推转；
4. 待饼两面出金黄色、呈丁字形花时即成。

徽州饼

● **主料**

面粉，按照 3 : 2 的比例分成大小两份

● **辅料**

熟猪油；黑枣；白糖；香油

● **做法**

1. 取量少的一份面粉掺入熟猪油反复搓匀成面酥；

2. 剩余面粉先加开水烫成雪花状，再逐渐加入冷水揉至起劲而有拉力，然后将面团拉成长条，包入面酥再次揉匀后，揪成若干个面剂；

3. 将黑枣上笼蒸烂，去皮、核压成泥，加白糖拌匀，即成枣泥馅；

4. 将揪好的面剂压成面皮，包入枣泥馅，再擀成生圆饼；

5. 将平底锅锅底先抹上一层香油，再放上生圆饼，反复转翻，每翻一次，刷一次香油，约烙 15 分钟两面呈金黄色即可出锅。

● **主料**

面粉

加蟹开口小笼包

● **辅料**

猪肉；肉皮冻；熟猪油；蟹粉；蟹黄；盐；葱，切段、一半切末；姜，切丝、一半切末；酵面；绍酒；白糖；酱油；食碱

● **做法**

1. 炒锅烧热入熟猪油烧至五成热，入蟹黄用铁勺溜动，油呈金黄色时入蟹粉，15 分钟后起锅入容器，凝成蟹油，将肉皮冻、猪肉切成米粒状，加白糖、绍酒、盐、葱、姜末拌匀成馅；

2. 将一半面粉放入容器中，中间扒窝，酵面撕碎放入，加热水揉成面团，用刀划开，凉后揉合，盖层布，发酵约 4 小时，将另一半面粉和 60℃热水揉成嫩面，划开透气后仍揉合，将食碱溶化，将发面和嫩面分别蘸碱液，反复揉匀成面团；

3. 将面团搓条，摘剂，再擀成边薄中厚的皮，包馅加蟹油，捏成小包子，植物油分刷在笼屉的底垫，旺火沸水蒸约 8 分钟，姜丝、醋蘸食即可。

寻味攻略
destination of taste
云南昆明

破酥包子

● **主料**

面粉

● **辅料**

酵母粉；猪肉，切小丁；香菇，泡发、切小丁；葱，切末；生抽；白糖；盐；熟猪油

● **做法**

1. 面粉加酵母粉、温水，和面、发酵、醒面；
2. 猪肉丁加水煮至八成熟，捞出备用；
3. 干锅内加入少量油，至油面向四周翻动时加入猪肉丁炒散；
4. 加入香菇丁、葱末、生抽、白糖、盐，炒熟后盛出；
5. 醒好的面擀成薄饼，抹匀一层熟猪油；将薄饼卷成长条，切成剂子；
6. 剂子揉圆，擀成中间厚、边缘薄的面片；
7. 面片包肉馅，包成包子，上锅，旺火蒸 15 分钟。

猫耳朵

● **主料**

面粉

● **辅料**

鸡蛋，打散；老抽；盐；菠菜，切段；香油

● **做法**

1. 面粉加水和面，擀成约 1 厘米宽的厚饼；
2. 将厚饼切成手指粗细的长条，再把长条切成拇指肚大小的小疙瘩；
3. 拇指按压面疙瘩，向一边卷搓，搓成一个个卷曲的猫耳朵；
4. 水烧开，放入猫耳朵，煮熟，改小火；
5. 在水花翻滚处慢慢倒入鸡蛋液，搅拌均匀，加老抽、盐、菠菜段、香油，关火出锅。

寻味攻略
destination of taste
山西晋中、晋北地区

寻味攻略
destination of taste
山东潍坊

馒头

● 主料

面粉

● 辅料

盐；酵母粉；碱；温水

做法

1. 面粉与盐混合均匀，酵母粉用适量温水冲开待用；
2. 将酵母水倒入面粉中，同时搅拌均匀，也可多添加适量温水，揉成软硬适中的面团后加盖，醒发 1 小时左右；
3. 取出醒好的面团，加入碱揉匀，将其搓成较粗条状，将粗的面条均匀地分成几个剂子，逐一揉圆；
4. 笼屉上均匀地涂抹一层食用油，将揉好的面团放入笼屉中，盖上盖子再次醒发至两倍大；
5. 大火烧开，蒸汽上来转中火蒸 10 分钟关火，再焖 5 分钟即可。

小窝头

寻味攻略
destination of taste
北京

● 主料

细玉米面

● 辅料

黄豆粉；白糖；苏打粉；桂花，加水拌匀

● 做法

1. 细玉米面掺入黄豆粉、白糖、苏打粉，加水和成面团，揉匀揉透；
2. 面团揪剂；
3. 将剂子在桂花水中蘸一下，揉成圆球形；
4. 在圆球底部的中间钻一小洞，并将窝头上端捏成尖形；
5. 上屉旺火蒸 10 分钟即可。

如同南国女子与北方壮汉的区别一样，稻米比起小麦来更为灵动。小麦根植坚实大地，而稻米生长需要水田的养育和滋润，日复一日，吸收水之精华，待成熟之日，颗颗洁白，饱满润泽。蒸食软糯，亦可碾粉裹馅儿，制成各式精致可口的点心。

·TIPS·

1.稻米种类丰富，按品种可分为籼米、粳米和糯米三类，籼米和粳米主要是蒸或煮来作为主食，糯米因香糯黏滑，经常被制成风味小吃；

2.糙米口感较粗糙、质地紧密，煮来费时，但贫血、肥胖、肠胃不好的人群食糙米大有裨益。

主料

虾仁
水发海参，切丁
熟鸡胸肉，切丁
熟精火腿，切丁
熟鸭肫肝，切丁
水发冬菇，切丁
熟净笋，切丁
猪精肉，切丁
鸡蛋
上等白籼米饭
青豆

寻味攻略
destination of taste
江苏扬州

辅料

猪油；绍酒；盐；鸡清汤；葱，切末

做法

1.炒锅中放入猪油加热，放入虾仁炒熟，倒入海参丁、鸡胸肉丁、精火腿丁、鸭肫肝丁、冬菇丁、净笋丁、猪精肉丁，加入绍酒、盐、鸡清汤烧沸成卤汁，盛入碗中即成什锦；

2.炒锅内放入猪油，倒入鸡蛋，炒成金黄色雪花状；

3.砂锅内倒入上等白籼米饭，炒均匀，放盐、葱末，放入2/3的什锦，倒入卤汁炒均匀装盘；

4.剩下的什锦加虾仁、青豆翻炒，起锅盖到炒饭上即可。

扬州炒饭

竹筒饭

● **主料**

大米
猪瘦肉，切厚片

寻味攻略
destination of taste
海南

● **辅料**

盐；生抽；老抽；五香粉；新鲜青竹，锯开一头、
洗净晾干

● **做法**

1. 大米浸泡 30 分钟后，沥干并用盐拌匀；
2. 瘦肉片加入生抽、老抽、五香粉搅拌；
3. 锅内入底油烧热，将瘦肉片炒熟起锅，放凉
后，切丁与大米混合均匀；
4. 可用油略涂抹青竹内壁，放入大米与瘦肉丁，
加入适量清水，用干净棉布扎紧封口，上蒸锅，
大火蒸 30 ～ 40 分钟即可出锅。

荷叶包饭

寻味攻略
destination of taste
广东广州

● **主料**

糯米，提前浸泡 3 ～ 5 小时、捞起沥干

● **辅料**

鸡胸肉，切丁；盐；料酒；莲子，泡发、去心；海米，
泡发；干香菇，切丁；胡萝卜，去皮、切丁；高汤；
生抽；干荷叶，入热水泡开

● **做法**

1. 锅内入底油烧热，鸡胸肉丁下锅，加入盐、料
酒略烹炒，肉丁成形即出锅；
2. 炒锅内再加入少量底油烧热，把沥干的糯米放
入锅内翻炒，然后加入莲子、海米、香菇丁、胡
萝卜丁、高汤、生抽，不断翻炒，让糯米充分吸
收汁液，汤汁烧干时加入炒好的鸡胸肉丁，适当
翻炒出锅；
3. 取出荷叶，在荷叶表面抹上少许食用油，把烹
炒的糯米放在荷叶上，包裹好之后用棉绳扎紧，
上蒸锅蒸制 45 ～ 60 分钟即可。

腊味煲仔饭

寻味攻略
destination of taste
广东、香港

● **主料**

大米
腊肠，切段
腊肉，切片

● **做法**

1. 将收获后 3 ~ 9 个月的半新米放入瓦煲，添入水没过米一个手指节；
2. 猛火烧，煲熟后，再转到小火，待米黏稠后，加入切好的腊肠腊肉；
3. 严格掌握火候，让藏在腊味里的肉汁完全渗入米饭即可。

诺邓火腿炒饭

寻味攻略
destination of taste
云南大理
诺邓山区

● **主料**

米饭
诺邓火腿，切丁

● **辅料**

小葱，切葱花

● **做法**

1. 锅烧热，加入底油，下火腿丁翻炒至火腿皮边缘颜色变黄；
2. 下入米饭与火腿翻炒均匀；
3. 下入葱花炒匀，出锅，趁热用手团成饭团，即可装盘。

干炒牛河

● 主料

河粉
牛里脊肉，切薄片

● 辅料

生抽；淀粉，兑水调成芡汁；小葱，切段；姜，切丝；
洋葱，切丝；红辣椒，切丝；老抽；白糖；盐

● 做法

1. 将牛里脊肉片放入碗中，调入生抽和芡汁，抓
匀后腌制 10 分钟；
2. 将干河粉用 50℃左右的温水浸泡 5 分钟，待河
粉变软后，捞出沥干水分备用；
3. 锅中放入油，大火加热，油面起较多白烟时，放
入牛里脊肉片，滑炒半分钟，肉片变色后捞出待用；
4. 锅洗净后擦干水，烧热后倒入凉油，马上把河粉、
葱段、姜丝、洋葱丝和红辣椒丝放入，猛火快炒至
河粉均匀沾满底油；
5. 放入牛里脊肉片，调入生抽、老抽、白糖和盐，
继续翻炒至食材均匀上色，即可出锅装盘。

桂林米粉

● 主料

米粉

● 辅料

牛骨汤；卤水；卤牛肉，切片；酸笋，切片；酸豆角，
切段；葱，切葱花；香菜，切末；酥黄豆

● 做法

1. 锅内牛骨汤烧沸，用漏勺盛米粉在汤中烫好，
连汤一起装碗；
2. 碗中倒入卤水，放上卤牛肉片，加酸笋片、酸
豆角段、葱花、香菜末、酥黄豆即成。

布拉肠粉

寻味攻略
destination of taste
广东广州

● 主料

玉米淀粉
淀粉
大米，浸泡后沥干水、兑水磨成浆

● 辅料

盐；生抽

● 做法

1. 将玉米淀粉与淀粉混合后用少量水调制成稀糊状，然后用沸水将其烫制成粉糊，冷却后与米浆混合，加入盐、生油调拌均匀成肠粉浆；
2. 用湿白布铺在笼屉当中，将肠粉浆舀到白布上摊开，其厚度以两毫米左右为佳；
3. 面皮内依个人口味卷入各种馅料；
4. 旺火蒸3分钟取出，从上向下卷起呈猪肠状即成。

柳州螺蛳粉

● 主料

柳州干粉
螺蛳汤（螺蛳肉用热油、姜、蒜、干辣椒、紫苏爆香，加高汤、盐、蚝油、料酒，小火炖2小时以上即成）

寻味攻略
destination of taste
广西柳州

● 辅料

八角；沙姜；干枣；枸杞；香菇；腐竹，切段；辣椒粉；酸笋，切片；盐；酸豆角，切末；香菜，切末；小葱，切末

● 做法

1. 锅内下入八角、沙姜、干枣、枸杞、香菇，加水没过汤料，大火烧开，熬汤待用，腐竹段过油，切块装碗，油留用；
2. 辣椒粉装碗内，浇上锅内热油，制成辣椒油待用，另起锅炒干酸笋片，加辣椒油、盐炒匀，加骨汤、腐竹段、螺蛳汤煮沸即成粉汤；
3. 米粉煮好捞出装碗，淋上粉汤洒上切碎的酸豆角、香菜末、小葱末即可。

花溪牛肉粉

● **主料**

黄牛肉，一半切块
米粉

● **辅料**

香料包（花椒、山奈、八角、香叶、桂皮、干辣椒等）；
盐；泡菜；牛油；香菜，切段；辣椒面

● **做法**

1. 牛肉块入锅焯水，用清水再漂洗一次；
2. 牛肉块加入锅中，加入足量清水、香料包、盐适量，煮开后持续用大火炖煮半小时，然后转小火煮约2小时，另一半牛肉也用上述方法处理，整块处理即可，凉透后切片；
3. 泡发好的米粉入滚水中烫熟，捞起入汤碗。放入牛肉片、泡菜、牛油、牛肉块，浇上滚烫牛肉汤，撒上香菜段、辣椒面即可。

过桥米线

● **主料**

米线，清水浸泡
鸡汤

● **辅料**

猪里脊，切薄片；鸡胸肉，切薄片；火腿，切薄片；
绿豆芽；豆皮，泡发撕片；干海米末；姜，切末；鸡油；
盐；韭菜，切段；香葱，切末；香菜，切段

● **做法**

1. 装米线的厚底碗先用沸水烫过，保持温度，米线先用水煮开，或者烫熟备用；
2. 平底锅中放入切成丁的鸡油慢慢熬至溶化，将熬好的鸡油放入烫好的厚底碗中，将滚烫的鸡汤淋入碗中约八成满，厚厚的鸡油浮在上面，保持鸡汤的温度；
3. 将各种食材及调料依个人喜好加入碗中烫熟即可食。

炸汤圆

寻味攻略
destination of taste
陕西西安

● 主料

糯米粉

● 辅料

红豆沙馅；白糖

● 做法

1. 将糯米粉加开水搅拌，揉成粉团，放置 15 分钟；
2. 将醒好的粉团，分成 10 克左右的小粉团；
3. 小粉团中包入红豆沙馅揉圆，用牙签在每个粉团上扎几个小眼；
4. 将粉团放入油锅里用小火炸至金黄，取出撒上白糖即可。

清明团子

寻味攻略
destination of taste
浙江宁波

● 主料

糯米粉
粳米粉
艾叶

● 辅料

白糖；松花粉；炒熟加糖的黄米粉

● 做法

1. 艾叶洗净后，先煮熟捣碎；
2. 将糯米粉和粳米粉混合加上糖，倒入煮熟捣碎的艾叶；
3. 加适量的热水，揉成粉团，揪出大小合适的剂子；
4. 将剂子搓成团子沾满松花粉或炒熟加糖的黄米粉；
5. 上锅蒸 20 分钟，出锅即可。

珍珠丸子

寻味攻略
destination of taste
湖北

● **主料**

猪肉，剁成馅
糯米

● **辅料**

鸡蛋；盐；香油；淀粉

● **做法**

1. 猪肉馅中加入鸡蛋、盐、香油、淀粉搅拌均匀，并揉搓成丸子形状；
2. 做好的肉丸子外面均匀地裹上一层糯米，可和上少量蛋清增加黏性；
3. 装盘上蒸锅，大火蒸 20 分钟即可。

红糖年糕

寻味攻略
destination of taste
海南三亚

● **主料**

糯米粉

● **辅料**

红糖；熟猪油；粽子叶

● **做法**

1. 红糖加热水化开，充分搅拌稀释，放凉；
2. 将糯米粉、红糖水、清水搅拌均匀；
3. 模具抹上熟猪油，以粽子叶铺底，倒入糯米粉，铺平；
4. 上蒸锅隔水蒸 1 小时左右，放凉后取出，切块；
5. 用植物油煎至两面金黄即可。

寻味攻略
destination of taste
广东广州

广式萝卜糕

● 主料

白萝卜，去皮、擦成丝
大米粉，加水稀释

● 辅料

腊肠，切丁；海米，泡软、切碎；虾皮；胡椒粉

● 做法

1. 少油炒香腊肠丁、海米碎、虾皮，炒成腊味备用；
2. 另起锅，萝卜丝放入干锅中，放入炒好的腊味，加入胡椒粉，拌匀；
3. 慢慢倒入稀释好的米粉水，搅拌、混合，放入器皿中，抹平，上锅蒸约 1 小时；
4. 出锅，将容器倒置，取出萝卜糕，晾凉，切块，再将油烧热，将萝卜糕煎至两面金黄即可。

青菜炒年糕

寻味攻略
destination of taste
浙江宁波

● 主料

年糕
青菜

● 辅料

辣椒，切丁；生抽；盐

● 做法

1. 锅内入底油，放辣椒爆香；
2. 加入青菜，青菜略变色加生抽，放入年糕，炒至年糕微黄即可出锅装盘。

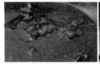

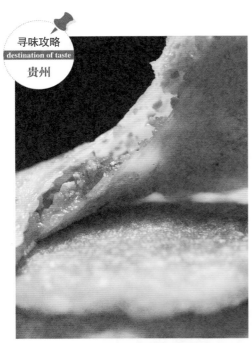

荷叶糍粑

● 主料

糯米，浸泡 10 小时

● 辅料

白糖；花生，炒香碾末；芝麻，炒香碾末；果脯，切末；
熟猪油；盐

● 做法

1. 将糯米沥干，大火隔水蒸约 3 小时，出锅舂成
糍粑泥，待凉后搓成条，掐成剂子；
2. 把白糖、花生、芝麻、果脯混合拌匀成馅心；
3. 平锅抹一层熟猪油，将糍粑剂子摆在平锅四周，
变软后，取两个剂子放锅中间，用圆铲将剂子按
成扁圆形，再取馅心放糍粑中心；
4. 把另一块糍粑合盖其上，把边沿粘实，以不漏
馅为准，加熟猪油煎烙至两面金黄色时，撒入少
许盐即成。

鸡丝香菇
洋芋粑

● 主料

鸡肉，切丝
香菇，切丝
洋芋，蒸熟、去皮、碾泥

● 辅料

高汤；盐；胡椒粉；淀粉，兑水调成芡汁

● 做法

1. 热油炒香鸡丝、香菇丝，加入高汤、盐、胡椒粉，
翻炒至熟；
2. 加芡汁勾芡起锅，即成馅料；
3. 取一块洋芋泥，包馅，揉圆后压成 1 厘米厚的
薄饼；
4. 用少许油煎至两面金黄即可。

豆沙麻团

● 主料

湿糯米粉

● 辅料

白糖；豆沙馅；芝麻

● 做法

1. 锅内加水烧开，加入白糖，熬成胶状糖浆；

2. 在糖浆中加入湿糯米粉，搅拌成团，搓揉光滑，制成剂子；

3. 将糯米剂子捏成圆窝形，加入豆沙馅，封口，搓成球形；手沾芝麻搓揉面团，使面团表面贴满芝麻；

4. 锅内加入油烧热，加入麻团稍炸；

5. 用铲逐个按扁麻团，直至完全鼓起定形时为止，翻炸至麻团熟透即可。

寻味攻略
destination of taste
广东广州

醪糟珍珠丸子

● 主料

糯米

● 辅料

酒曲；白糖；糖桂花

● 做法

1. 容器内糯米摊匀，将酒曲撒在糯米上混匀，轻轻压实抹平，制成平顶的圆锥形，中间压出一个窝，将酒曲撒在里面，倒一点凉开水，将盖盖严，放在30℃左右的温度下发酵大约32个小时，盖打开加满凉开水，盖上放入冰箱即成；

2. 另取一些糯米放在冷水中浸1小时，冲洗沥干，用石臼捣烂，用10眼网筛筛过即成糯米粉，竹匾内放入适量的糯米粉，右手执洗帚均匀洒水，左手扶竹匾呈圆弧形推动，粉粒不断凝聚，至每只直径为1厘米的汤圆，醪糟中加入冷开水，打散成醪糟汤；

3. 水烧沸放入汤圆煮熟，将醪糟汤倒入再加白糖、糖桂花，连汤盛入碗中即可。

寻味攻略
destination of taste
浙江

炒血糯八宝饭

寻味攻略
destination of taste
江苏常熟

● **主料**

血糯米
糯米

● **辅料**

熟猪油；白糖；瓜子仁；松子仁；糖桂花

● **做法**

1. 将血糯米与糯米按 3∶1 的比例拌匀，隔水蒸制 30 分钟，出锅备用；
2. 将熟猪油化开，倒入白糖炒化；
3. 倒入蒸好的米饭，翻炒；
4. 加少许清水，放入瓜子仁、松子仁；
5. 加入糖桂花，翻炒均匀出锅。

芥菜饭

寻味攻略
destination of taste
浙江温州

● **主料**

糯米
芥菜，切丁

● **辅料**

熟猪油；香菇，切丁；葱，切葱花；五花肉，切丝；虾皮；盐；白糖；生抽

● **做法**

1. 将糯米蒸熟，放凉备用；
2. 将熟猪油烧热，放入香菇丁、葱花炒出香味；
3. 放入五花肉丝，炒至肉色发白；
4. 放入芥菜丁、虾皮，加盐、白糖继续翻炒；
5. 芥菜炒到没有菜生味时，倒入蒸好的糯米饭，炒散；
6. 加葱花、生抽翻炒，改小火焖至饭熟。

寻味攻略
destination of taste
广东广州

状元及第粥

● 主料

大米，浸泡 30 分钟

● 辅料

淀粉；姜，切片；蒜，切段；胡椒末；香菜；豆腐皮，泡软；猪肝，切块；猪大肠；猪瘦肉，切丝

● 做法

1. 砂锅加水烧沸，加入大米和豆腐皮，米和水的比例为 1：12，煮开后，转小火，放入色拉油，煮 30 分钟，关火再焖 30 分钟；
2. 在猪肝中加入淀粉搅拌均匀；
3. 将猪大肠内的白色油脂去掉，煮 30 分钟后切段；
4. 切好的瘦肉丝用开水烫至白色熟透；
5. 将处理好的瘦肉、猪肝和猪大肠与姜片、蒜段一起放入焖好的粥底中，撒上胡椒末；
6. 用大火煮开后，小火煮 5 分钟，撒上香菜即可。

腊八粥

寻味溯源
destination of taste
安徽亳州

● 主料

圆糯米，浸泡一夜

● 辅料

绿豆，浸泡约 4 个小时；红豆，浸泡约 4 个小时；腰果，浸泡约 4 个小时；花生，浸泡约 4 个小时；桂圆，去核；红枣；陈皮；冰糖

● 做法

1. 粥锅内注入水，大火烧沸后加入绿豆、红豆、腰果、花生，煮至豆子软熟后加入圆糯米，转中火煮约 30 分钟，再加入桂圆、红枣、陈皮熬至浓稠；
2. 将煮好的粥盛入碗中，加冰糖调味即可。

寻味溯源
destination of taste
安徽宣城、
南京溧水

乌草饭

主料

糯米
乌饭草

做法

1. 糯米淘洗后放入盆状容器中待用；
2. 乌饭草洗净后，可按传统做法在石臼中捣碎，也可用豆浆机等搅碎，过滤后得到乌色汁液；
3. 糯米在乌汁中浸泡一夜，第二天取出时糯米呈乌紫色，上蒸锅蒸熟即可。

酒酿水子

寻味攻略
destination of taste
安徽芜湖

主料

糯米粉

辅料

酒酿；白糖

做法

1. 糯米粉加温水搅拌，用手揉搓，在容器中筛成小圆子；
2. 锅中放入适量水，烧开后，放入筛好的小圆子，煮熟；
3. 取适量酒酿和白糖放入碗中，将煮好的圆子连汤一起倒入碗中即可。

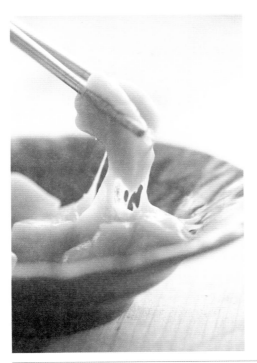

水磨年糕

寻味攻略
destination of taste
浙江宁波

主料

糯米
粳米

做法

1. 将粳米和糯米混合，加水用豆浆机磨成浆；
2. 米浆用蒸锅蒸 10 分钟，取出冷却，切块即成。

打糕

寻味攻略
destination of taste
吉林延边

主料

糯米

辅料

黄豆面；白糖；蜂蜜

做法

1. 将糯米蒸熟，放入石槽中；
2. 用木槌反复捶打，直至糯米黏润；
3. 将黏糯米盛出，蘸上黄豆面、白糖或蜂蜜即可食用。

杂粮

一个杂字包容万千，蕴含了中国人的饮食哲学，杂并不是乱，而是一种内在平衡的丰富，是中国人的养生智慧。杂粮口感相对粗糙，而如今吃惯了精米细麦的现代人却越来越怀念这种实实在在的口感，一如内心渴望回归的自然之璞。

· TIPS ·

1.杂粮指除了稻、麦、玉米、大豆、薯类之外的粮食作物，对人体各有不同功效，如高粱养肝，绿豆补肝去火，黄豆补脾，黑豆补肾，白豆补肺，红豆补心，薏米除湿；

2.杂粮营养丰富，但较为粗糙，消化能力不好的人不宜多吃，肾脏功能不良者和糖尿病人也应控制摄入量。

鲜豌豆糕

寻味攻略
destination of taste
山西太原

● 主料

豌豆，破成两瓣、去净豆皮
柿饼，切成厚 2 ～ 3 厘米的块

● 辅料

小苏打；琼脂；白糖

● 做法

1. 蒸锅添水，上旺火煮开后倒入豌豆和小苏打；
2. 待蒸锅上汽后煮 3 分钟即可，将煮好的豌豆用细网过筛，筛成豌豆泥后备用；
3. 将泡软后的琼脂放入水中煮至完全溶化；
4. 倒入备好的豌豆泥，加入适量的白糖搅拌均匀成豌豆糊；
5. 将豌豆糊倒入容器内，晾凉；
6. 待完全凉透将其倒扣在案板上，食用时切块装盘再点缀上柿饼即可。

面茶

● 主料

稷米
玉米面

寻味攻略
destination of taste
天津

● 辅料

花椒粒;盐;芝麻,小火炒至金黄色、加盐搅拌备用;
芝麻酱,以植物油调和

● 做法

1. 干锅加热,放入花椒粒炒香,用擀面杖擀成花椒粉;
2. 干锅加热,放入盐,炒黄装碟与花椒粉混合成椒盐;
3. 将稷米和玉米面以2:1比例混合,加水调成糊状;
4. 适量水烧开,慢慢浇入面糊,不停搅拌至熬成粥状面茶,面茶盛在碗中,倒一层面茶、倒一层椒盐,如此重复;
5. 最后在表面铺满一层芝麻,浇上调好的芝麻酱即可。

花生粘

寻味攻略
destination of taste
上海

● 主料

花生

● 辅料

白糖,加水稀释

● 做法

1. 干锅,小火炒花生至噼啪作响,关火、盛出;
2. 白糖水倒入锅中加热;
3. 糖溶化后改小火,至气泡丰富,能拉丝;
4. 倒入炒好的花生,迅速搅拌;
5. 至糖全部挂在花生上,开始凝结即可。

炒饵块

寻味攻略
destination of taste
云南大理

● **主料**

大米，浸泡 3 小时，蒸至七成熟

● **辅料**

大葱，切段；火腿片；韭菜；豌豆尖；酸菜

● **做法**

1. 熟米放入坚硬容器中，舂制成面状时取出搓揉捏制，做成砖块状晾凉，切成薄片即成饵块；
2. 葱段爆香，加火腿片、韭菜、豌豆尖、酸菜与饵块炒熟即可出锅。

红面糊糊

寻味攻略
destination of taste
山西太原

● **主料**
高粱米面

● **辅料**

葱，切葱花；鸡蛋，打散，炒至嫩熟；香油；辣椒油

● **做法**

1. 在锅内加清水烧至沸腾，洒进高粱米面，边洒边用筷子不停地旋转搅动，以免结成疙瘩；
2. 待稠糊状的高粱面泛出光亮时，用铲子将面糊铲到碗里，顺便旋转出类似火山口的弧度，调进葱花、鸡蛋花、香油、辣椒油即可。

寻味攻略
destination of taste
四川南充

川北凉粉

● **主料**

豌豆淀粉

● **辅料**

豆豉；冬菜；姜，切末；干辣椒，切末；花椒粒，研末；冰糖，压碎；生抽；陈醋；蒜，剁泥；盐；葱，切葱花；酥花生，压碎

● **做法**

1. 豌豆淀粉加水搅成豌豆粉浆；
2. 锅内加水烧沸，转小火，将豌豆粉浆缓缓倒入锅中并朝一个方向搅动，粉浆变成透明的糊状后倒入器皿中让其冷却，切成约 8 厘米长、1 厘米宽（厚）的凉粉条，装入盘中；
3. 炒锅入油，依次放入豆豉、冬菜、姜末、干辣椒末、花椒末、冰糖碎翻炒均匀，倒入放有生抽、陈醋、蒜泥、盐的小碗中，调成味汁，浇在凉粉条上，撒上葱花、花生碎、拌匀即可。

酸辣粉

寻味攻略
destination of taste
重庆

● **主料**

纯手工红苕粉湿粉（红薯粉）

● **辅料**

花椒粒；干辣椒；辣椒粉；白芝麻；高汤；醋；盐；酥黄豆；榨菜；香油；香菜，切段；葱，切葱花

● **做法**

1. 先将红苕粉湿粉晒成干粉，晒干后放入冰箱冻两天，食用前再用水泡 2 小时；
2. 锅内倒油烧热，爆香花椒、干辣椒、辣椒粉、白芝麻，加入高汤烧沸，盛入碗内；
3. 锅中烧开半锅水，下红苕粉烫热，放入汤碗中；
4. 在汤碗中加入汤汁、醋、盐、酥黄豆、榨菜、香油，撒上香菜段、葱花即成。

寻味攻略
destination of taste
黑龙江
哈尔滨

玉米粥

● **主料**

玉米粉

● **辅料**

牛奶；鸡蛋，取蛋黄；白糖

● **做法**

1. 玉米粉用牛奶调成糊；

2. 锅内加适量水烧沸，把牛奶玉米糊倒入锅中；

3. 小火熬 5 分钟，此期间不停用勺搅拌，然后把蛋黄倒入锅中，边倒边搅拌；

4. 搅拌好的糊倒入碗中，待不烫口时加入白糖即可。

黑芝麻糊

● **主料**

生芝麻

● **辅料**

冰糖；糯米粉

● **做法**

1. 将生芝麻淘洗干净，放到筛网中晾干水分；

2. 在无油无水的锅中，小火不停地翻炒芝麻，发出噼啪的声音跳起来时就熟了；

3. 将炒好的芝麻加水磨成浆；

4. 将芝麻浆倒入小锅中，根据自己的喜好放入冰糖，中火煮开；

5. 将糯米粉放入碗中用凉水搅成稀糊状，倒入锅中与芝麻浆混合成糊状，关火即成。

寻味攻略
destination of taste
广东徐闻

寻味攻略
destination of taste
陕西延安

软米油糕

● 主料

软谷米

● 辅料

白糖；香油；红枣

做法

1. 将软谷米碾成粗粉，放入盆内，倒水均匀搅拌，搅拌到用手抓一把成团，又可以松散开，像沙子状即可，然后将揉好的面上笼屉蒸熟；

2. 面取出倒入盆内，手蘸凉水趁热轧匀，再抹上少许香油，将红枣蒸熟后去掉枣皮和枣核，用擀面杖压成泥，放入油锅加入白糖炒片刻；

3. 将手上抹少许香油，揪一块面团，揉圆用手捏成圆片，包上枣馅，捏紧呈球状，然后用手按成扁圆形，即成糕坯；

4. 锅内倒入香油，烧至油面起烟，放入糕坯，炸至油糕漂起来，颜色变成金黄色即可捞出。

江米凉糕

寻味攻略
destination of taste
北京

● 主料

江米，蒸熟

● 辅料

熟芝麻；京糕，切丁；白糖；豆沙

● 做法

1. 将熟芝麻与京糕丁、白糖掺在一起，调制成馅；

2. 将熟江米均匀分成两份，分别揉成团，擀成片；

3. 取一张米片，将部分和好的京糕馅料和豆沙均匀地覆盖在上面；

4. 将另一张米片盖在铺好的馅料上面；

5. 将剩余熟芝麻、白糖与京糕丁撒在做好的凉糕上面即可。

寻味攻略
destination of taste
福建厦门

玉米面发糕

● **主料**

玉米面

● **辅料**

酵母粉；白糖；小苏打；红枣，去核；核桃仁，去皮剁碎；葡萄干

● **做法**

1. 玉米面中加入酵母粉、温水，和成面团；
2. 待面团发酵好后，加入白糖、小苏打揉匀；
3. 将红枣、核桃仁碎、葡萄干撒在面团表面，醒5 分钟；
4. 醒好的面团上屉，旺火蒸 20 分钟；
5. 将蒸好的发糕放在案板上，晾凉后切块食用。

油葱粿

● **主料**

早稻米，清水泡 2 小时
猪腿肉，切成粗丝

● **辅料**

硼砂；食碱；盐；白糖；干扁鱼，炸酥、研末；五香粉；葱白，切丁；荸荠，剁成碎末；淀粉；香菇，切片；栗子，煮熟、切片；干虾米，浸泡 15 分钟；蚝干，浸泡 15 分钟；干葱头，切长条、下油锅炸至金黄；鲜虾；鸭蛋，打散；香菜，切末；酸萝卜，切丝；辣酱

● **做法**

1. 将米加水磨成米浆，盛入碗内，在锅内加清水，加入硼砂、食碱、盐搅匀，煮沸，舀入米浆调匀，再次煮沸，舀入浆桶中拌匀；
2. 猪肉丝与白糖、盐、扁鱼末、五香粉拌匀，稍腌，加葱白丁、荸荠末、淀粉调匀，搅成馅料，放入浅底碗中；
3. 将香菇片、栗子片、虾米、蚝干、油葱放在馅料的周围，将鲜虾肉点缀在馅料上；
4. 将桶内的米浆搅匀，舀入碗内，至香菇片、油葱片浮上浆面接近于碗面，将鸭蛋液倒入碗内，入笼蒸约 30 分钟，加香菜末、酸萝卜丝、辣酱即成。

寻味攻略
destination of taste
吉林长春

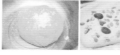

06

口感的秘境——果、奶制品

色泽诱人的水果切成小块儿，或配上晶莹圆润的西米露，或加入洁白嫩滑的牛奶，光是想想，唇齿之间就仿佛充满了热带风味。无论是春夏还是秋冬，精致而温柔的甜品总是那么的熨帖，像沙滩上吹过的微风，像疲惫时的怀抱，像一个轻轻的吻……

果制品

"榴枝婀娜榴实繁，榴膜轻明榴子鲜""四月江南黄鸟肥，樱桃满市粲朝晖"，自古以来从不缺乏咏叹各种水果的诗词，句句令人心醉神往。红了樱桃，绿了芭蕉，即便不是诗人，也会被这样的意象所打动。水果不仅好看动人，更是营养而味美的佳品。

· TIPS ·

1.品质好的水果光泽自然，但颜色过于鲜艳的水果就可能是染色或打蜡产品，需谨慎选购；

2.分时间巧吃水果：早上宜吃苹果、梨、葡萄，不宜吃过酸的水果；餐前别吃圣女果、橘子、山楂、香蕉、柿子；饭后应选择菠萝、木瓜、猕猴桃、橘子、山楂。

清补凉

寻味攻略
destination of taste
海南海口

● **主料**

北沙参
当归
玉竹，撕成片
莲子
百合
山药，切片
薏米
枸杞

● **辅料**

冰糖；椰奶；牛奶

● **做法**

1. 锅中加入清水，煮沸后依次加入主料，大火煮15分钟后，改用小火熬煮；
2. 煮30分钟后加入冰糖，熬煮30分钟成汤汁；
3. 在椰奶中加入冰糖，再加入牛奶搅拌均匀，倒入碗内，碗放在大容器中，周围放冰块，自制成低温冰锅，用木铲不停地翻动至碗中的液体变得越来越黏稠，最后成了冰泥；
4. 饮用时在煮好的汤汁中加入炒好的冰泥即可。

心太软

寻味攻略
destination of taste
广东广州

● **主料**

大红枣，去核、用清水浸泡 1 小时
糯米粉

● **辅料**

冰糖；糖桂花

● **做法**

1. 将红枣捞起沥干，对半切开，注意不要切断；
2. 糯米粉中加入适量热水，做成糯米团；
3. 根据枣的长度，取下小块糯米团搓成略长于枣身的小长条，放入开口处，略夹紧；
4. 把红枣平铺入盘中，加入少量水、冰糖，用蒸锅大火蒸制 15 分钟即可；
5. 食用时淋上糖桂花即可。

榴莲酥

寻味攻略
destination of taste
香港

● **主料**

榴莲，剥皮取肉

● **辅料**

吉士粉；奶粉；淀粉；面粉；牛奶；白糖；熟猪油；
黄油；鸡蛋，打散

● **做法**

1. 将榴莲肉、吉士粉、奶粉、淀粉、面粉、牛奶、白糖搅拌在一起，放入蒸锅蒸熟；
2. 将面粉、熟猪油、黄油揉成面团，即成油心面团；
3. 将水、面粉、鸡蛋液、熟猪油、白糖揉成水面团；
4. 取部分油心面团擀成油心面皮，再取部分水面团擀成水面皮，将水面皮及油面皮叠放压扁，反复对折两次，擀成一张大面皮，然后将面皮对折几次揉成长剂，切成小剂子，擀成若干个小面皮；
5. 将蒸好的馅料包入面皮，制成榴莲状的生坯；
6. 将锅内放油，烧至四五成热，放入生坯，炸成金黄色捞起沥油，装盘即可食用。

芒果西米露

● 主料

西米
芒果，去皮、切大粒

● 辅料

牛奶；白糖

● 做法

1. 锅内加水烧开后下西米，用勺子不停搅拌，煮至水开后关火，略放凉后再开火煮开，如此重复 3 次，直至西米呈现出透明晶莹的状态；
2. 捞起西米入凉开水中略浸泡，然后把西米捞起沥干，放入容器备用；
3. 牛奶加入适量白糖后加热，倒入西米略煮，装碗晾凉；
4. 待牛奶西米露稍凉后放入芒果粒即可。

稀果子干

● 主料

柿饼，去蒂、洗去白霜
杏干
葡萄干
黑枣

● 辅料

冰糖；糖桂花

● 做法

1. 将柿饼撕成小块，与杏干、葡萄干、黑枣一起放入碗中，倒入温水浸泡至变软；
2. 将泡软的柿饼、杏干、葡萄干、黑枣倒入煲中，慢火熬煮 40 分钟；
3. 将冰糖放入煲中，继续小火煮制 10 分钟；
4. 将煮好的果子干晾凉，放入冰箱冰镇 10 分钟；
5. 将冰镇果子干盛入碗中，淋入少许糖桂花即可。

拔丝苹果

● **主料**

苹果，削皮、切块

● **辅料**

面粉；白糖

寻味攻略
destination of taste
山东

● **做法**

1. 碗内放面粉，加水调成糊状，把苹果块放面粉糊里，让面粉糊全部包裹住苹果块；
2. 锅里放油，烧至起烟时放入苹果稍炸，捞出关火1分钟，待油温降低将苹果块复炸至焦脆；
3. 将白糖放入锅内加热，用勺不停地搅动，锅内的糖粒逐渐形成筷子头大小的颗粒，随着温度的升高，糖粒逐步分解熔化，呈糖液与糖粒混合状，直至全部熔为琥珀色糖液；
4. 将炸好的苹果倒入糖液中，淋入少许水，迅速翻炒即可。

寻味攻略
destination of taste
陕西西安

黄桂柿子饼

● **主料**

面粉
柿子，去蒂去皮、剁成糊

● **辅料**

核桃仁，切末；青红丝，切末；桂花酱；猪油；冰糖末

● **做法**

1. 核桃仁末、青红丝末、桂花酱与适量面粉搅拌均匀，加入猪油、冰糖末搅拌至糖馅有黏性即可；
2. 另取面粉加入柿子糊搅拌均匀，搓成一个个的面团，包入糖馅，做成柿子饼状；
3. 平底锅中入油烧热，转中火，柿子饼下锅，一侧煎5分钟，至两侧色泽均匀即可。

奶制品

对草原上的牧人来说，牛奶是赋予他们最初力量的生命原液，放牧归来，喝上一碗热奶茶，所有的疲惫寒冷一扫而光。对孩童来说，牛奶是母亲千叮咛万嘱咐的浓浓爱意，咕咚咕咚一杯下肚，流淌过舌尖、喉咙、心间的温润感觉，回味起来是家的味道。

· TIPS ·

1.在超市选购牛奶时最好选择巴氏消毒奶，其所采用的是目前世界上最先进的牛奶消毒方法，保质期短，可最大限度保留牛奶中的营养成分；

2.纯牛奶不宜空腹饮用，容易引起腹泻。有乳糖不耐症的人，坚持饮用一段时间可逐渐适应、症状减轻。

双皮奶

寻味攻略
destination of taste
广东顺德

● 主料

全脂牛奶

● 辅料

鸡蛋，取蛋清；白糖

● 做法

1. 将牛奶烧至刚刚沸腾即关火，入碗加保鲜膜静置待奶皮生成，蛋清中加入白糖搅匀即可；
2. 奶皮生成后贴碗边缘用小刀开一道口（奶液周长一半的长度），牛奶倒入蛋液，碗中留少许牛奶；
3. 将蛋奶液过筛，筛掉蛋液中的纤维以及多余的气泡，沿着奶皮缺口倒入之前的碗中，碗底的奶皮浮起即可；
4. 碗上覆盖一层保鲜膜，上蒸锅中火蒸 10 分钟，关火在蒸锅中放置 5 分钟。

炒米奶茶

● **主料**

奶茶粉
炒米

● **辅料**

奶皮子；草原黄油

● **做法**

1. 奶茶粉中加入开水冲开，放入炒米；
2. 将奶皮子掰碎，放入奶茶中；
3. 加入黄油，略搅拌，当黄油完全融化时即可饮用。

姜汁撞奶

● **主料**

水牛奶
老姜，去皮打成蓉、榨汁

● **辅料**

全脂奶粉；白糖

● **做法**

1. 将新鲜水牛奶倒入锅中加入一勺全脂奶粉煮沸；
2. 在锅中加一勺白糖，煮到略微沸腾后马上关火；
3. 把牛奶倒入杯中，放置 30 秒；
4. 将放凉后的牛奶倒入榨好的姜汁中，不要搅拌，放置几分钟即可。

蒙古奶茶

寻味攻略
destination of taste
内蒙古

● **主料**

砖茶
鲜牛奶

● **辅料**

黄油

● **做法**

1. 砖茶捣碎，放入小纱袋中，然后放入沸水锅中熬煮，待水变为深茶色时，放入黄油用小火继续熬煮；
2. 待茶汤煮沸后将鲜牛奶缓缓倒入锅中，边倒边用勺子搅拌均匀；
3. 全部鲜牛奶都加进去后，再大火煮到沸腾，即可装碗。

藏式酸奶

寻味攻略
destination of taste
西藏

● **主料**

牛奶

● **辅料**

菌粉

● **做法**

1. 密封盒消毒、控干，放入菌粉，盒中先倒入少量牛奶，来回晃动至菌粉化开，再加入剩下的牛奶轻轻搅匀；
2. 取一电饭煲加盖过锅底的水，加至温热后拔掉插头，锅中倒扣一个盘子，盘底露出水面；
3. 将装有牛奶的密封盒盖好，坐于底盘上，然后盖严电饭煲，大约放置一夜，待牛奶凝结成嫩豆腐状并产生芳香气味即可食用。

牛奶花生酪

● **主料**

牛奶

● **辅料**

花生酱；冰糖；淀粉，兑水调成芡汁

● **做法**

1. 牛奶中加入花生酱，澥成花生牛奶；
2. 锅内倒入花生牛奶，大火烧开；
3. 加入冰糖，调至小火，熬制 20 分钟；
4. 加入芡汁勾芡即可。

炒鲜奶

● **主料**

牛奶

● **辅料**

鸡蛋，取蛋清；鲜蘑，切片；蟹肉，去筋骨；盐；
胡椒面；淀粉，兑水调成芡汁；广东排粉；熟火腿，
切末；青椒，去籽、切丁

● **做法**

1. 将鸡蛋清放入牛奶中搅散，加入鲜蘑片、蟹肉、
盐、胡椒面、芡汁，调匀；
2. 锅内倒入花生油，待油热后，加入排粉，炸熟
后盛出；
3. 锅内加入底油烧至三成热，倒入调好的牛奶，
用铲子轻轻推动，牛奶由稀变稠即熟；
4. 将牛奶倒在炸好的排粉上，撒上火腿末、青椒
丁即可。

奶汤银丝

● 主料

熟羊肚，切细长丝

● 辅料

高汤；绍酒；姜，打汁；盐；牛奶；淀粉，兑水调成
芡汁；香菜，切末

● 做法

1. 锅内入水烧开，羊肚丝入锅焯水后捞起沥干；

2. 炒锅内放入高汤、绍酒、姜汁和羊肚丝，用盐
调味，烧开后加入牛奶再次煮开，用芡汁勾芡后
起锅，撒上香菜末即可。

炸乳扇

● 主料

乳扇

● 辅料

蔬菜叶数张；熟猪油；花椒盐

● 做法

1. 将乳扇用湿纱布擦干净，用清洁而又无水分的
菜叶包上，回软约 2 小时；

2. 把蔬菜叶一张张撕开，将乳扇放在铺平的湿纱
布上，在上面再铺一块湿纱布，压上重物，将乳
扇压平整；

3. 将炒锅上火，倒入熟猪油，烧至三成热，改用
小火；

4. 左手握乳扇一端，右手持竹筷夹住乳扇另一端，
放入锅中，边炸边转竹筷，使乳扇在竹筷上定型
呈筒状，待炸至金黄色时抽出竹筷；

5. 将炸好的乳扇一卷卷地码入平盘，撒上花椒盐
后即可食用。

寻味攻略
destination of taste
澳门

木糠布甸

● **主料**

鲜奶，在冰箱中冷藏 30 分钟

● **辅料**

炼乳；鸡蛋，取部分蛋清、其余搅拌成蛋糊；奶油，溶化；苏打饼干，压成饼干粉

● **做法**

1. 将炼乳、鸡蛋清依次放入冷却好的鲜奶中，搅匀；
2. 加入溶化的奶油，搅匀；
3. 另取蛋糊，浇在鲜奶上，搅拌均匀至起泡沫；
4. 将饼干粉倒入搅匀的鲜奶中，放入冰箱冷却 30 分钟，取出；
5. 另取部分饼干粉，放入烤箱烤热后取出，撒在鲜奶上即可。

桂圆杏仁茶

● **主料**

南杏，杏仁浸 12 个小时
北杏，杏仁浸 12 个小时

● **辅料**

大米，浸 12 个小时；冰糖；桂圆，用水将桂圆肉泡开

● **做法**

1. 把水与杏仁、大米放入搅拌机，磨成杏仁米浆，滤渣后放入盆中备用；
2. 将冰糖捣碎后与桂圆一起放入杏仁米浆盆中，坐在电磁炉上以慢火煮滚至冰糖完全溶解即可食用。

寻味攻略
destination of taste
广东

《舌尖上的中国》系列
A Bite Of China

《舌尖上的中国》
中央电视台纪录频道
2012.06
光明日报出版社
ISBN 9787511226570
RMB 50.00 元

　　每个人舌尖上的故乡构成了整个中国，并且形成了一种叫作文化的部分，得以传承。中国人用智慧巧妙地从自然界获取美味，这一切之所以能够实现，都得益于他们对上天和食物的敬畏以及对自己深爱的那片土地的眷恋。从《舌尖上的中国》一片中，我们可以看到人与天地万物之间的和谐关系，感动我们的不仅是食物的味道，还有历史的味道、人情的味道、故乡的味道、记忆的味道。

《舌尖上的中国：传世美味炮制完全攻略 1》
本书编写组
2012.07
光明日报出版社
ISBN 9787511226754
RMB 29.80 元

《舌尖上的世界：全球经典美食居家烹饪秘籍》
潘俣宁，沈佳婷
2012.08
光明日报出版社
ISBN 9787511228178
RMB 35.00 元

《舌尖上的中国：传世美味炮制完全攻略 2》
本书编写组
2012.09
光明日报出版社
ISBN 9787511232588
RMB 29.80 元

《舌尖上的中国：传世美味炮制完全攻略 3》
本书编写组
2012.10
光明日报出版社
ISBN 9787511233172
RMB 29.80 元

《舌尖上的中国：传世美味炮制完全攻略 4》
本书编写组
2012.12
光明日报出版社
ISBN 9787511218612
RMB 29.80 元

《舌尖上的中国：传世美味炮制完全攻略 5》
本书编写组
2013.01
光明日报出版社
ISBN 9787511237330
RMB 29.80 元

3 大传统节日饕餮菜单，
90 道精选菜式宴请亲朋好友。

《团圆家宴用心做》

本书编写组
2013.02
光明日报出版社
ISBN 9787511239815
RMB 29.80 元

"食物简单认真，温暖寻常家人"，团圆家宴，从我们心底最柔软、最细腻的部分出发，回到味蕾最初最深刻的记忆：滋味。以舌尖最敏感的五味为线索，循着难忘的咸、悠然的鲜、诱惑的辣、温暖的甜和回味的香，还原出一个团圆的家，将人生况味寓于舌尖五味，以舌尖五味品咂生活滋味。同时为了突出团圆节庆的气氛，我们就本书的 90 道经典至臻美味，借花献佛，精心遴选、搭配成了"春节团圆家宴""端午祥和家宴"和"中秋赏月家宴"三大节庆菜单，用美食铺就了一条温暖静谧的回家路。

在饕餮盛宴中穿越时空，
与世界名人共同见证"历史食刻"。

《国宴美食家常做》

本书编写组
2013.05
光明日报出版社
ISBN 9787511244741
RMB 35.00 元

本书谨遵"以味为核心，以养为目的"的国宴炮制理念，以味养心、以心感味，精心筛选出 60 年来 12 场见证国家时刻的顶级盛宴，并按照开国第一宴、元首们的最爱、大型活动国宴菜单巡礼分为三部分，褪去国宴美食的神秘面纱，将每道菜式的良苦用心和背后的传奇故事娓娓道来。方法恪守国宴精髓，同时注重可操作性，舍弃炫目的技法转而突出食材的质感与传统的烹饪工艺，让国宴美食真正"飞入寻常百姓家"。

首次将驻京办美食一网打尽，
足不出户做出大江南北地道美味！

《驻京办招牌菜在家做》

本书编写组
2013.06
光明日报出版社
ISBN 9787511245977
RMB 35.00 元

秉承"世味争如乡味醇"的驻京办佳肴理念，收录京城食客圈中最热门的 24 大驻京办餐厅，并提供具体位置和相关菜系简介。沿着驻京办的美食地图，一点点找回久违的家乡味。书中还聚集了从每个驻京办中精选出最热卖的 89 道招牌菜，并用超过 800 张高清步骤图详解每一道珍馐美馔的制作方法，让您足不出户就能烹饪出最地道的驻京办美食。

A BITE OF CHINA

图书在版编目（CIP）数据

舌尖上的中国之美食总攻略 /《舌尖上的中国之美食总攻略》编写组编著. —南京：江苏文艺出版社，2014.4

ISBN 978-7-5399-6983-1

Ⅰ.①舌… Ⅱ.①舌… Ⅲ.①中式菜肴 – 菜谱 Ⅳ.①TS972.182

中国版本图书馆CIP数据核字（2014）第023057号

书　　　名	舌尖上的中国之美食总攻略
责 任 编 辑	郝　鹏　孙金荣
特 约 策 划	齐文静　赵　娅
特 约 编 辑	卢　晶　周小诗
文 字 校 对	孔智敏
封 面 设 计	罗久才
内 文 设 计	李　亚
出 版 发 行	凤凰出版传媒股份有限公司
	江苏文艺出版社
出版社地址	南京市中央路165号，邮编：210009
出版社网址	http://www.jswenyi.com
经　　　销	凤凰出版传媒股份有限公司
印　　　刷	北京市雅迪彩色印刷有限公司
开　　　本	700毫米×1000毫米　1/16
印　　　张	18
字　　　数	317千字
版　　　次	2014年4月第1版　2014年4月第1次印刷
标 准 书 号	ISBN 978-7-5399-6983-1
定　　　价	39.80元

（江苏文艺版图书凡印刷、装订错误可随时向承印厂调换）